Das Vivarium

Burkard Kahl

Salmler im Aquarium

Haltung und Zucht
Mit 32 Farbporträts

Kosmos · Gesellschaft der Naturfreunde
Franckh'sche Verlagshandlung · Stuttgart

Umschlag von Edgar Dambacher unter Verwendung einer Aufnahme von Burkard Kahl
Das Bild zeigt Rote Neonsalmler (Cheirodon axelrodi)
Zeichnungen und 32 Fotos auf 16
107 Farbtafeln vom Verfasser

Franckh'sche Verlagshandlung, W. Keller & Co., Stuttgart/1970

(LH 14 dö) ISBN 3 440 03672 3 /Bestellnummer 3672 K
Printed in Hungary by Kossuth Printing House
Gesamtherstellung: Kultura, Budapest

Salmler im Aquarium

Der rote Neon auf dem Umschlag

Cheirodon axelrodi, Roter Neonsalmler
Familie: Characidae (Echte Salmler)
Heimat: Südamerika (Nebenflüsse des Rio Negro: Rio Itu, Quellregion des Aduja). Bevorzugen ruhige Buchten und Tümpel
Größe: etwa 5—6 Zentimeter
Haltung: In weichem, über Torf gefiltertem Wasser kommt dieser friedliche, schöne Schwarmfisch am besten zur Geltung. Er braucht zum Wohlbefinden unbedingt dichtes Pflanzenwerk. Allesfresser, der am besten bei abwechslungsreicher Kost gedeiht. Zuchttiere mit kräftigem Lebendfutter füttern. Temperaturen um 25° C. Etwas gedämpftes Licht ist zu empfehlen.
Zucht: Nicht einfach. Beste Erfolge mit Nachzuchttieren, die bis zur Geschlechtsreife mit besonderer Aufmerksamkeit gepflegt werden. Wasserhärte für die Zucht um 4° dH, pH-Wert 6—6,5.
Besonderes: Rote Längsbinde vom Kopf bis zur Schwanzwurzel. Fettflosse.

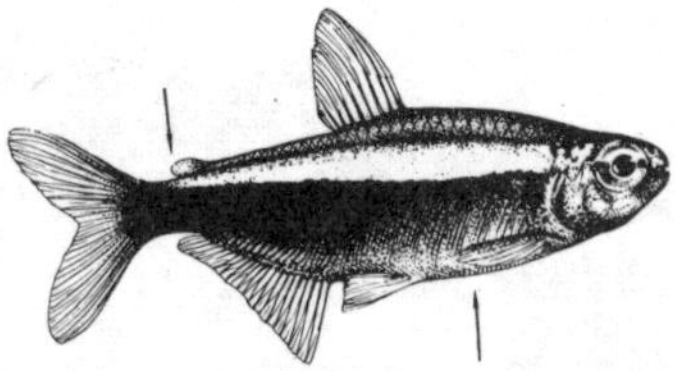

Roter Neonsalmler

Tropenkinder bei uns zu Hause...

Je mehr Fabriken, Lagerhallen und Raffinerien, Wohnsiedlungen und Autostraßen unsere Landschaft überziehen, je häufiger der einstmals blaue Himmel von Rauch und Dampf der Industrie verdüstert wird, je schmutziger unsere Flüsse und Seen werden — umso mehr sehnen wir uns nach ein wenig Natur.
Kein Wunder, daß die bunten und lebhaften Aquarienfische immer mehr Freunde finden. Ein Aquarium ermöglicht es auch dem Städter, sich nach Feierabend mit der Natur zu beschäftigen.
Der rechte Aquarianer begnügt sich nicht damit, irgendwelche Fische zu erwerben, sie täglich zu füttern und alle sechs Monate das Becken zu reinigen. Er will wissen, wie sie heißen, zu welchen Familien sie gehören, woher sie kommen, welche Lebensansprüche sie stellen. Er will alles über sie wissen, damit er sie gut und richtig pflegen kann.
In den Büchern der vom KOSMOS-Verlag herausgegebenen Reihe „Das Vivarium" finden Aquarianer und Terrarianer die Informationen, die sie suchen. Dieser Band „Salmler im Aquarium" ist der wohl beliebtesten Fischfamilie gewidmet, den Salmlern, die in kaum einem Liebhaberaquarium fehlen.
Unser Buch will dazu beitragen, daß die Salmler — samt und sonders Tropenkinder — sich auch bei uns zu Hause wohlfühlen.

Was sind Salmler?

Ein Aquarianer alter Schule hätte diese Frage leicht beantworten können: Salmler sind, hätte er etwa gesagt, meist kleine, meist bunte, meist friedfertige Fische aus tropischen Urwaldgewässern Südamerikas und Afrikas, die man an ihrer Fettflosse erkennt.

So einfach können wir es uns heute nicht mehr machen, denn die Zoologen haben die große Familie der Salmler (Characidae) aufgeteilt in die Familie der Echten Salmler und in weitere vier Familien, die den Echten Salmlern zwar nahe stehen, aber selbständige Namen führen. Dennoch fassen wir in diesem Buch „echte" Salmler und „Salmlerähnliche" zusammen und verwenden für alle den deutschen Oberbegriff „Salmler". Für den Aquarianer spielen nämlich kleine, nur dem geschulten Systematiker auffallende Unterschiede nur eine untergeordnete Rolle. Für ihn ist wichtig: Die weitaus meisten Aquarienfische sind Salmler, und alle Gruppen von Salmlern — die „Echten", die „Beilbäuche", die „Kopfsteher", die „Halbzähner" und die „Afrikasalmler" — haben viele und wichtige Vertreter in unseren Aquarien. Zu den Salmlern gehört der berühmte Neonfisch, der geradezu zum Symbol eines Aquarienfisches geworden ist, der edle Kongosalmler, der majestätische Scheibensalmler, zu ihnen gehören Zitronen-, Stieglitz- und Schmucksalmler, die in ganzen Schwärmen auch Anfängeraquarien bevölkern; kurz: Salmler sind die Aquarienfische schlechthin.

Manche größere Salmler-Arten sind in ihrer Heimat gefürchtete Raubfische, zum Beispiel die südamerikanischen Piranhas, über die manche Forschungsreisenden wahre Schauergeschichten erzählen. Die Salmler jedoch, die wir üblicherweise in unseren Aquarien pflegen und züchten, sind weitestgehend friedfertige Schwarmfische, die weder ihren Artgenossen noch anderen Aquarienbewohnern etwas zuleide tun.

Ein typisches Merkmal der Salmler ist die kleine Fettflosse zwischen Rücken- und Schwanzflosse, ein Hautläppchen, das die meisten Arten tragen. Da dieses Flösschen aber auch bei einigen echten Salmler-Arten fehlen kann, müssen wir vorsichtig sein, wenn wir allein nach der Fettflosse einen Fisch als „Salmler" bestimmen wollen. Übrigens bezieht sich die deutsche Bezeichnung „Salmler" oder „Karpfenlachse" gleichfalls auf die Fettflosse: Die lachsartigen Fische oder Salmoniden — zum Beispiel Lachse, Forellen und Felchen — besitzen ebenfalls eine solche Fettflosse. Sie sind jedoch mit den Salmlern, denen sie den Namen gegeben haben, nicht näher verwandt, ebensowenig wie die Welse, von denen viele gleichfalls eine Fettflosse besitzen.

Wissenschaftlich gehören, wir haben es schon gesagt, die Salmler zu fünf verschiedenen, allerdings untereinander verwandten Familien:

1. Echte Salmler (Characidae);
2. Beilbäuche (Gasteropelecidae);
3. Kopfsteher (Anostomidae);
4. Halbzähner (Hemiodontidae);
5. Afrikasalmler (Citharinidae).

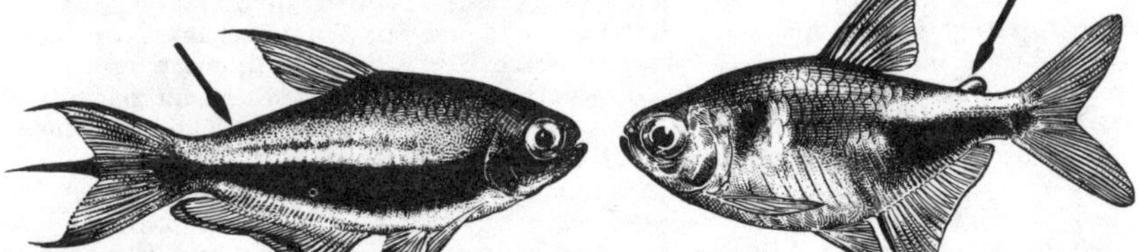

Bild 1: Salmlertypen mit und ohne Fettflosse (links Nematobrycon palmeri, rechts Hemigrammus pulcher)

Jede diese Salmler-Familien umfaßt mehrere oder viele Gattungen, und zu jeder Gattung gehören einige oder viele Arten. Besonders reich an Gattungen und Arten sind die Echten Salmler (Characidae): Bis heute kennen wir nicht weniger als 1 350 Echte Salmler, von denen sich natürlich nur ein geringer Teil als Aquarienfische eignet. Und wir können ganz sicher sein, daß dies noch lange nicht alle Arten sind — gewiß sind noch nicht alle Salmlerfische, die da irgendwo in den Tropen herumschwimmen, entdeckt worden. Denken wir nur daran, wie unzugänglich viele Gebiete des riesigen Amazonasstromes sind!

Außergewöhnlich groß ist der Formenreichtum der Salmler. Wir finden Bleistift-, Spindel-, Walzen- und Scheibenformen, wobei vor allem die Kopfsteher und Halbzähner viele spindel- oder bleistiftartige Arten hervorgebracht haben.

Manche Salmler fallen durch eine kopf- oder schwanzlastige Schwimmweise auf: Schrägsteher, Schrägschwimmer und Kopfsteher. Es wird behauptet, diese Fische könnten in ihren äußerst dicht verkrauteten Heimatgewässern nicht waagerecht schwimmen, und so hätte sich, als Abhilfe gewissermaßen, die eigenartige Schräghaltung herausgebildet. Ob das nicht eine allzu einfache Erklärung ist? Übrigens schwimmen nicht alle Kopfsteher unentwegt den lieben langen Tag kopfunten; einige Arten zeigen nur eine leicht geneigte Haltung.

Viele Salmlerfische haben kurze Flossen und sind schnelle Schwimmer. Andere Arten sind eher träge und lauern gerne im dichten Pflanzenwerk auf Beute. Umgekehrt gibt es Arten mit verlängerten Fortsätzen an Rücken-, Schwanz- und Afterflosse, wie die Kongosalmler, die Langflossensalmler, die Kaisersalmler, Schmucksalmler und Kirschflecksalmler.

Die meisten Salmler-Arten verfügen über eine ausgezeichnete Bezahnung, wir brauchen nur an die rasiermesserscharfen Gebisse der Sägesalmler (Piranhas) und der Scheibensalmler zu denken (die Piranhas sollen ganze Rinder bis auf das Skelett abnagen können).

Kehle und Brust der Salmlerfische sind häufig gewölbt und mit sägezahnartigen Schuppen bedeckt. Solch eine sägezahnartige Schuppenleiste an der Bauchkante finden wir besonders bei Sägesalmlern und Scheibensalmlern.

Bei den Beilbauchfischen (Familie Gasteropelecidae) sind die Brustflossen flügelartig verlängert und erlauben, im Zusammenwirken mit den starken Brustflossenmuskeln, einen kurzen, schwirrenden Flug über die Wasseroberfläche. Das kann — bei schlecht abgedeckten Aquarien — zu Verlusten führen.

Viele Salmler sind recht schwimmlustig und suchen in ihrer Heimat auch fließende Gewässer auf; andere bevorzugen ruhige, verkrautete Wasserregionen.

So bunt und auffallend wie die Korallenfische sind unsere Salmler nicht; viele aber sind doch recht dekorativ gefärbt, wir brauchen nur an den Roten Neon oder den Blutsalmler zu denken. Häufig fallen bestimmte Körperteile auf, die das Licht besonders stark reflektieren und die fast an die Leuchtorgane der Tiefseefische erinnern. Sie dienen der Arterkennung, denn in den stark beschatteten, stets im Halbdunkel liegenden Urwaldflüssen sind leuchtende optische Signale wichtig.

Häufig finden wir bei Salmlern Längsbinden, farbige Punkte, Schulterflecke und eine leuchtende obere Iris sowie einen Kreuzstrich in der Schwanzwurzel.

Ob wir im Aquarium die schönen Farben unserer Salmler auch richtig „herausholen“, hängt im wesentlichen von drei Faktoren ab: Wasserzusammensetzung, Beleuchtung und Bodengrund. Manche Arten lieben dunkle Aquarien und mehr gedämpftes Licht, die anderen fühlen sich in hellem Licht wohler und zeigen nur dort ihre volle Farbenpracht. Im allgemeinen kommen gerade die schönen Leuchtfarben nur bei gedämpften Licht richtig zur Geltung.

Salmler sind „Augenfische“, die sich sehr stark optisch orientieren. So erklären sich die vielen optischen Signale, die diese Fische in Form von Farbflecken und Bändern besitzen. Sie dienen der Arterkennung und bedeuten: Hier bin ich, und hier gehörst du auch hin.

Die Halbzähner (Familie Hemiodontidae) sind während des Tages anders gefärbt als bei Nacht; in der Dunkelheit werden ihre Längsbinden von auffallend breiten Querbändern überlagert.

Da die meisten Salmler ausgeprägt Schwarmfische sind, finden wir bei ihnen eine Eigenheit, die bei Schwarmfischen nicht selten ist und die zuerst von dem berühmten deutschen Zoologen Karl von Frisch bei Elritzen entdeckt wurde: In der Haut dieser Fische wird ein Schreckstoff gebildet, der, wird die Haut verletzt, ins Wasser abgegeben wird. Sowie die Schwarmgenossen diesen Schreckstoff riechen, stiebt der ganze Schwarm in alle Himmelsrichtungen auseinander. Der Raubfisch, der ein Mitglied des Schwarmes gepackt hat, hat das Nachsehen und muß sich mit dem einen Opfer begnügen, das noch sterbend seine Artgenossen mit dem Schreckstoff gewarnt hat.

Wo leben die Salmler?

Alle Echten Salmler und die „Salmlerähnlichen" stammen aus tropischen Gewässern Südamerikas und Afrikas. „Ballungsgebiete" sind in Afrika der Kongo, in Südamerika das Amazonasland Brasilien. Wir unterscheiden Arten, die in Flüssen oder kleinen Seen leben, in Wasserlachen oder Bächen, in tropischen Regenwäldern oder in Trockenwäldern. Fast alle verlangen ein weiches Wasser, doch sind ihre Lichtbedürfnisse sehr verschieden. Es wäre ein großer Fehler, „Tropenwasser" = „Tropenwasser" zu setzen. Gewiß: Die meisten Gewässer der regenreichen Tropen sind weich und salzarm; manche aber enthalten organische Säuren, Huminstoffe, Abbauprodukte verwesender Pflanzen, andere dagegen — die „weißen" Gewässer — sind sehr arm an organischen Substanzen. Viele tropische Gewässer sind dicht mit Pflanzen bestanden, andere sind praktisch völlig frei von Pflanzenwuchs. Dem Aquarianer wird es daher sehr schwerfallen, für seine Salmler ein naturgetreues „Biotop-Aquarium" einzurichten, das den natürlichen Lebensraum seiner Fische imitiert.

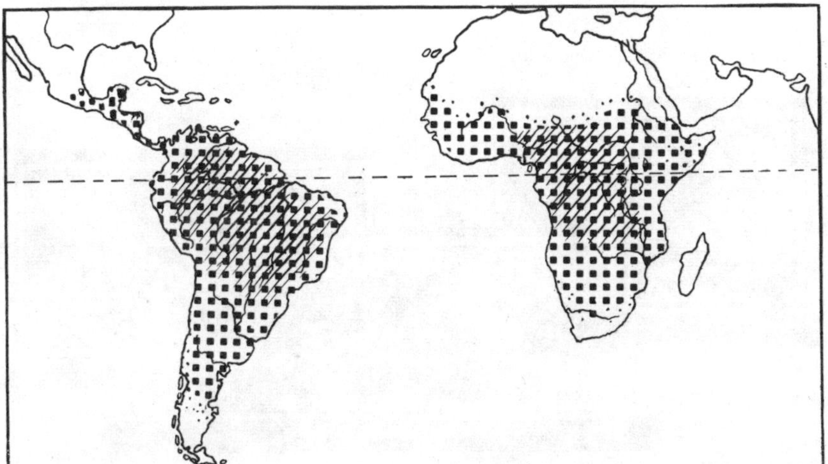

Bild 2: Salmlerverbreitung

Wie pflegen wir Salmler?

Es gibt wohl kaum eine Salmler-Art, die ihrer Größe nach ins Aquarium paßt, die wir nicht halten könnten. Voraussetzung ist natürlich, daß wir ein Minimum der Ansprüche erfüllen, die diese zarten Tropenfische stellen.
Was braucht der „Durchschnittssalmler" im Aquarium? Sauerstoffreiches Wasser, viel Schwimmraum, Versteckmöglichkeiten (dichtes Pflanzenwerk), geeignete Nahrung, angemessene Temperatur. Das sind die fünf Grundbedingungen, die wir unbedingt erfüllen müssen, wenn wir Salmler pflegen wollen. Dazu kommt noch eine Reihe Faktoren, die wir bei bestimmten Arten berücksichtigen sollten. Indessen — solange wir nur an die Pflege, nicht auch an die Zucht denken, tauchen nur bei ganz wenigen Arten Probleme auf.
Viel gesündigt wird bei der „Vergesellschaftung" von verschiedenen Salmler-Arten untereinander und mit Arten anderer Familien. Es sollte selbstverständlich sein, daß man aggressive oder gar räuberische Arten niemals mit kleinen, zarten Salmlern zusammensetzt. Beschädigte Flossen und Verletzungen sind das mindeste, was wir dann zu befürchten hätten.
Darüber hinaus sollten wir aber langsame, „beschaulich" lebende Arten nicht mit flinken oder gar rauflustigen in einem Becken unterbringen. Auch wenn es dabei nicht zu direkten Beschädigungen kommt, so werden die Fische, die mehr ein heimliches, verstecktes Dasein lieben, doch sehr gestört.
Sehr groß werdende Arten sind für den Aquarianer uninteressant, da er kaum einmal die Möglichkeit hat, Becken der erforderlichen Größe unterzubringen; außerdem könnte die Nahrungsbeschaffung zu einem kaum lösbaren Problem werden. Es ist leider nicht möglich, jedem Salmler die ihm gemäße, natürliche Nahrung zu verschaffen. Gar nicht wenige Arten leben in der Natur wohl vor allem von „Anflugnahrung", in erster Linie also von ins Wasser gefallenen Insekten. Für solche Arten ist es zweifellos gut, wenn wir ihnen auch im Aquarium kleine Insekten anbieten, und eine kleine Zucht der stummelflügligen Taufliege *Drosophila* liefert unseren Fischen ein stets willkommenes Zusatzfutter. Dennoch müssen wir uns aber bei der Ernährung auf die große Anpassungsfähigkeit der Fische verlassen, und da ist es sehr günstig, daß sehr viele Salmler „Allesfresser" sind, die wir recht gut auch mit handelsüblichem Kunstfutter über die Runden bringen können.

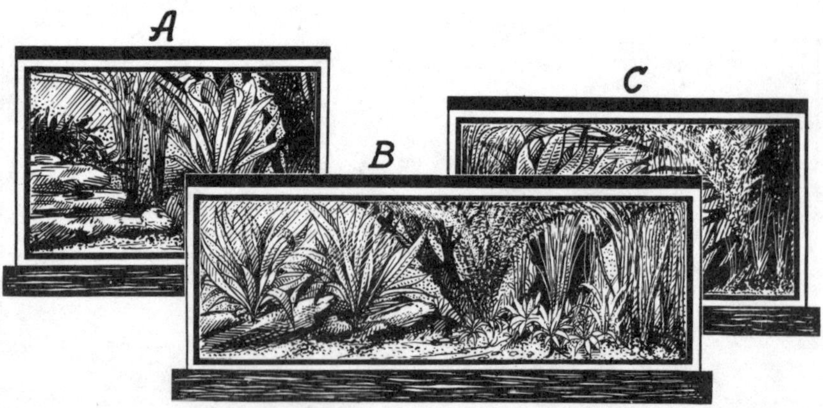

Bild 3: Für Salmleraquarien bevorzugen wir die langgestreckte Form (B). Die Würfelform (A) und die rechteckige Form (C) sind weniger geeignet.

Bild 4: Balzende Beilfische Bild 5: Aquarium für Beilbauchfische

Die Zucht gelingt im allgemeinen mit Nachzuchttieren sehr viel leichter als mit Importen. Manche Salmler haben sich den neuen Lebensbedingungen in unseren Aquarien schon so gut angepaßt, daß wir sie fast zu den Haustieren zählen können. Allerdings wäre es sehr zu begrüßen, wenn die Züchter schärfer auslesen würden, denn die Fische, die manchmal bei Liebhabern oder im Handel angeboten werden, haben mit der natürlichen Form oft nur sehr wenig mehr gemeinsam. Wir müssen bedenken: Im Aquarium fehlen unseren Fischen die natürlichen Feinde, und dadurch fällt auch die in der Natur so wichtige natürliche Auslese weg. Unter der fürsorglichen Pflege des Menschen wachsen auch Kümmerlinge zu geschlechtsreifen Tieren heran und können sich fortpflanzen, Kümmerlinge, die in ihren Heimatgewässern nicht die geringste Chance hätten. Hier muß der Züchter eingreifen und durch künstliche Zuchtwahl die natürlichen Feinde ersetzen.

Das Salmlerbecken

Unsere Salmler sind zum allergrößten Teil Schwarmfische, die gerne schwimmen oder zwischen Wasserpflanzenbeständen stehen. Zum Salmlerbecken gehören also einerseits freier Schwimmraum, andererseits Pflanzendickicht. Ob die Pflanzen aus ihrer Heimat stammen, also „biotopgerecht“ sind, ist den Fischen völlig egal. Sie fühlen sich sogar in einem Dickicht aus Plastikpflanzen wohl, womit ich allerdings keine Empfehlung aussprechen möchte, lebende Pflanzen durch die manchmal schauderhaft schlecht imitierten Kunstpflanzen zu ersetzen (sogar Maiglöckchen aus Plastik werden als Aquarienschmuck angeboten!).

Wichtiger als die Art der Pflanzen sind Länge, Breite und Tiefe des Aquariums. Lange Becken (Bild 3, B) haben sich für die Salmlerpflege ausgezeichnet bewährt. Hier können sich die munteren Südamerikaner oder Afrikaner nach Herzenslust ausschwimmen und kommen ausgezeichnet zur Geltung. Ungeeignet ist die Würfelform, und auch die meist verbreitete rechteckige Aquarienform ergibt kein gutes Salmlerbecken.

Kopfsteher wünschen besonders dichten Pflanzenwuchs. Leider gibt es unter ihnen Arten, die mit Vorliebe Wasserpflanzen verzehren. Ihnen müssen wir anstelle des Unterwasserdschungels Wurzelwerk und Bambusstabgruppen als Verstecke anbieten; gerade diese Fische können sehr zänkisch sein und die Unterlegenen müssen Gelegenheit haben, „in Deckung zu gehen“. Pflanzenfressenden Kopfstehern müssen wir übrigens Wasserpflanzen und gut gewaschenen Salat als Zusatznahrung bieten.

Die Beilbauchfische beleben die obersten Wasserschichten, und wer mehr von ihnen sehen will, richtet am besten ein eigens für sie vorgesehenes Becken ein. Es wird nur zu zwei Dritteln mit Wasser gefüllt, so daß die Fische, wenn sie gelegentlich springen, nicht gleich an die Deckscheibe knallen. Füttern wir Beilbauchfische mit Anflugnahrung, so können wir gelegentlich sogar ein wenig von ihrer Balz oder, wenn wir viel Glück haben, von ihrem Laichverhalten sehen. Damit die Weibchen der Beilbäuche Laich ansetzen, ist aber Insektennahrung in Form von schwarzen,

Bild 6: Aquarium für Piranhas und Scheibensalmler

roten und weißen Mückenlarven, Eintagsfliegen, Taufliegen, Blattläusen usw. unbedingt erforderlich. Auch lebende, aber oberflächlich angetrocknete Wasserflöhe — sie zappeln zunächst an der Wasseroberfläche, da sie von Luftbläschen am Absinken verhindert werden — sowie auf die Wasseroberfläche gestreutes Trockenfutter fördern den Laichansatz. *Nannostomus-*, *Hemigrammus-* oder *Hyphessobrycon-*Arten sind „ruhige Bürger", die wir mit Beilbäuchen vergesellschaften können, ebenso die hübschen und ruhigen Neonfische, die keinem anderen Fisch etwas zuleide tun.

Raubsalmler und Pflanzenfresser sollten große und stabile Aquarien bekommen. Diese Behälter dekorieren wir nur mit Wurzeln und Steinen, womit wir — bei einigem Geschick — auch eine recht ansprechende Unterwasserlandschaft gestalten können. Meistens werden es Piranhas und Scheibensalmler sein, die solche Becken bewohnen. Sie brauchen viel Schwimmraum, kräftige Durchlüftung und starke Filterung. Wer auf Wasserpflanzen absolut nicht verzichten will, der kann hinter dem Scheiben- oder Sägesalmlerbecken ein zweites, schmales Aquarium installieren, das dann mit schlanken, hochwüchsigen Pflanzen besetzt wird. Der Pflanzen wegen müssen wir dieses „Zweitbecken" extra beleuchten. Auf diese Weise können die Fische die Wasserpflanzen nicht anknabbern, und dennoch scheinen sie vor einem Pflanzendickicht zu schwimmen. Noch einfacher: Wir wählen ein recht tiefes Bekken und grenzen das hintere Drittel mit Glas ab. In diesem hinteren Raum wachsen dann die Pflanzen, im vorderen schwimmen die großen Salmler.

Licht und Beleuchtung

Viele Salmler-Arten kommen aus beschatteten Urwaldflüssen; sie schätzen gedämpfte Beleuchtung und dunklen Bodengrund. Bei solchem Dämmerlicht kommen die schönen, leuchtenden Farbreflexe vieler Salmler gut zur Geltung; die Fische sehen dann oft aus, als seien sie von innen her beleuchtet. Der dunkle Bodengrund erhöht noch die Farbenpracht — und auch das Wohlbefinden unserer Fische.

Anders bei Salmlern, die aus Gewässern mit starker Sonneneinstrahlung stammen. Sie möchten es gerne recht hell haben und zeigen nur in vollem Licht ihre interessanten Verhaltensweisen.

Es ist natürlich nicht möglich, es jeder Art recht zu machen, und das ist bei den Salmlern auch gar nicht so nötig: die meisten sind mit der herkömmlichen Aquarienbeleuchtung zufrieden. Bei großen Aquarien können wir ganz leicht sowohl sehr helle als auch sehr dunkle Partien schaffen, indem wir bestimmte Stellen mit Schwimmpflanzen abdecken. Dann können die Arten, die Dämmerlicht lieben, die dunkleren Stellen aufsuchen.

Die Temperatur

Natürlich sind auch die Temperaturansprüche der verschiedenen Arten je nach Herkunft verschieden. Wir halten fast alle Salmler bei Temperaturen zwischen

20 und 26° C. Übrigens brauchen die Südamerikaner und einige Afrikaner keine solch hohen Temperaturen wie man bisher angenommen hat. Sehr günstig wirkt es sich auch aus, wenn die Temperatur während der Nacht um einige wenige Grade zurückgeht. Auch in den Tropen sind die Nächte häufig recht kühl, und es ist dort keine Seltenheit, daß die Lufttemperatur auf 10 oder gar 5° C sinkt.
Zur Zucht erhöhen wir die Wassertemperatur um einen bis zwei Grade, aber bei manchen Arten ist nicht einmal das nötig.

Das Wasser

Wollen wir Salmler nur pflegen, nicht aber züchten, so braucht uns das Wasser kein großes Kopfzerbrechen zu bereiten. Jedes Wasser zwischen 2 und 12° dH[1] ist geeignet.
Anders, wenn eine erfolgreiche Nachzucht angestrebt wird. Dann müssen wir dem Härtegrad und dem pH-Wert besondere Beachtung schenken. Die südamerikanischen Salmler züchten am besten in einem salzarmen, mit Huminstoffen angereicherten, sehr weichen Wasser. Meistens zeigen sie in diesem Milieu auch ihr schönstes Farbkleid.
Wir unterscheiden bei den südamerikanischen Gewässern zwei Typen:
Weißwasser — ein Wasser, das nur wenige organische Stoffe, die das Wasser färben und den pH-Wert[2] herabdrücken, enthält. Weißwasser reagiert meist neutral.
Schwarzwasser — ein Wasser von dunkler Farbe, das mit Abbauprodukten von Pflanzen angereichert ist, weitgehend von Regen gespeist wird, oft enorm weich ist und einen pH-Wert im sauren Bereich aufweist.
Viele unserer Salmler stammen aus dem Schwarzwasser, und das müssen wir berücksichtigen, wenn wir züchten wollen. Auch die afrikanischen Salmler bevorzugen weiches Wasser, doch liegt hier häufig der Mineralgehalt höher als bei südamerikanischen Gewässern.
Wie Wasser zu prüfen und bei Bedarf zu verändern ist, beschreibt Guido Hückstedt in seinem Buch „Aquarienchemie" (Reihe: Das Vivarium, KOSMOS-Verlag).

Die Ernährung

Es gibt wohl kaum einen Salmler, der im Aquarium nicht auch Kunstfutter annehmen würde, aber es gibt auch keinen, der Insekten und anderes Kleingetier nicht gerne verzehrte. Auf Lebendfutter bestehen allein die Raubfische wie zum Beispiel die Phagos und Piranhas; ihnen sollten wir hin und wieder kleine Fische als Futter geben. Guppys als Futterfische lassen sich ja leicht züchten.
Pflanzenfressenden Salmlern geben wir als Zusatzkost Algen, Wasserpflanzen und Salat. Manche raspeln gerne den Aufwuchs von Steinen ab, andere haben sich auf junge, zarte Wasserpflanzentriebe spezialisiert. Für Kopfsteher und einige Halbzähner können wir uns extra eine Algenzucht zulegen, oder wir können Steine mit einem Brei aus Kunstfutter (dem Blattgrün beigemengt wird) bestreichen, den Brei trocknen lassen und die Steine dann ins Aquarium stellen. Unsere Tiere werden den Stein dann genüßlich abweiden.
Für Insektenfresser sind Zuchten der Taufliege, kleine Mehlwürmer, Wachsmotten usw. sehr nützlich. Über die Zucht von Futtertieren unterrichtet ausführlich Willy Jocher in seinem Buch „Futter für Vivarientiere" (Reihe: Das Vivarium, KOSMOS-Verlag).
Für die Aufzucht der Jungfische brauchen wir natürlich das entsprechende feine Lebendfutter: Pantoffeltiere, Rädertiere, frisch geschlüpfte Nauplien des Salzkrebses *Artemia salina*.

---

[1] Grad deutscher Härte. Wasser mit weniger als 5° dH ist „weich", mit 5—15° dH mittelhart, über 15° dH hart.
[2] Der pH-Wert kennzeichnet den Säuregrad: pH 7 = neutral, Werte über 7 kennzeichnen alkalisches, Werte unter 7 saures Wasser.

Krankheiten

Auch Salmler leiden natürlich unter einer Reihe von Krankheiten. Manche Arten sind besonders gegen die Pünktchenkrankheit *(Ichthyophthirius multifiliis)* anfällig, manche scheinen auch besonders leicht vom Wasserschimmel *(Saprolegnia)* befallen zu werden. Der Wasserschimmel ist aber ein Schwächeparasit, der stets nur verletzte oder abgestorbene Hautstellen befällt. Gegen ihn schützt man sich am besten vorbeugend durch tadellose Pflege der Tiere.
Gegen Krankheiten, die von Parasiten verursacht werden, gibt es im Fachhandel Medikamente; leider gibt es aber eine ganze Anzahl parasitärer Krankheiten, gegen die bis heute „noch kein Kraut" gewachsen ist. Vorbeugen ist hier die einzige Maßnahme, und vorbeugen können wir vor allem durch gute Haltung: Gut gepflegte Fische sind widerstandsfähiger gegen Infektionskrankheiten.
Neben den parasitären Krankheiten kennen wir im Aquarium auch Krankheiten, die durch ungeeignete Haltung bedingt sind.
Hier ist nicht der Ort, uns ausführlich über Krankheiten und ihre Bekämpfung zu verbreiten. Wer sich dafür interessiert — und das sollte jeder Aquarianer — findet in dem Buch von GOTTFRIED SCHUBERT „Krankheiten der Fische" ausführliche Anleitungen zur Erkennung und Bekämpfung von Erkrankungen (Reihe: Das Vivarium, KOSMOS-Verlag).
Wir machen es uns zur Regel: Frisch gekaufte Tiere setzen wir nie ohne vorhergegangene genaue Untersuchung ins vollbesetzte Aquarium. Sie könnten mit einer Krankheit infiziert sein und die anderen Fische anstecken. Am besten ist eine mehrtägige Quarantäne in einem besonderen Becken, in dem die Fische zuerst beobachtet und gegebenenfalls mit einem Medikamentenbad behandelt werden. Wer seine Fische dennoch sofort im Gesellschaftsbecken sehen will, sollte auf keinen Fall auf ein mehrstündiges Bad mit dem Fischheilmittel Ektozon verzichten. In diesem Bade streifen die Tiere ihre Schleimhülle ab und mit ihr viele Erreger.

Die Zucht

Die erste Voraussetzung für eine erfolgreiche Zucht ist eine gute, natürliche Ernährung der Elterntiere. Nur dann bildet sich der Laichansatz und nur dann kommen die Fische auch richtig in Laichstimmung.
Eine geringe Temperaturerhöhung, die bei vielen Arten die Laichwilligkeit fördert, ist nicht schwer zu bewerkstelligen. Höhere Anforderungen jedoch stellt das Wasser an den Züchter. Es gibt erfolgreiche Züchter, die ein als geeignet erkanntes Quellwasser über mehrere hundert Kilometer weg in großen Kanistern holen. Wer das nicht kann, und wer nicht das seltene Glück hat, daß aus der Wasserleitung schon das geeignete Wasser kommt, muß sich mit Regenwasser behelfen oder mit Wasser, das durch Ionenaustauscher enthärtet und entsalzt worden ist.
Wir kennen bei den Salmlern sehr viele freilaichende Arten, daneben einige mit Vorratsbesamung und sogar Brutpfleger.

Die Freilaicher

Die Freilaicher geben während der „Paarung" Eier und Samen zugleich ins Wasser ab. Die Partner schmiegen sich dabei unter einer halben oder ganzen Drehung eng aneinander und stoßen Samenzellen bzw. Eier aus. Bei vielen Arten besitzen die Männchen an der Afterflosse kleine Widerhäkchen, die die Paarung erleichtern und besseren Halt bieten.
Zu allererst müssen die Weibchen guten Laichansatz zeigen, und dies zu erkennen ist für den Anfänger nicht immer leicht. Auch ältere Weibchen zeigen zuweilen einen aufgetriebenen, laichreif erscheinenden Bauch, züchten jedoch nicht mehr. Früher sprach man von „Laichverhärtung", doch ist es sehr fraglich, ob es so etwas gibt.

Bild 7: Vier Phasen aus dem Laichverhalten einer Hemigrammus-Art. Freilaicher! Nach einer Fotoserie von Rudolf Zukal

Einen guten Laichansatz erzielen wir durch kräftige Fütterung, vor allem durch Verfütterung von Insekten.
Je nach Art werden bei einer Paarung verschieden viele Eier ausgestoßen: zwischen 3 und 30 Stück. Die freilaichenden Salmler paaren sich während einer Fortpflanzungsperiode mehrere Male nacheinander.
Nach dem Laichgeschäft müssen wir die Eltern aus dem Zuchtaquarium entfernen, da sie fast stets ihren eigenen Eiern nachstellen. (Eier, die durch ein zuvor eingebrachtes Glas- oder Plastikgitter gefallen sind, sind für die Fische natürlich nicht erreichbar.)
Manche Salmler sind sehr produktiv, zum Beispiel der Schrägschwimmer, andere produzieren nur sehr wenige Eier. Fast stets haften die Eier sehr schlecht; nur bei wenigen Arten bleiben sie hängen bzw. kleben, die meisten fallen einfach zu Boden.
Die Geschlechter können wir im allgemeinen leicht unterscheiden; oft sind die Flossen der Männchen verlängert, oder die Weibchen sind etwas größer und „voller"; sehr oft sind auch die Männchen intensiver gefärbt.

Arten mit Vorratsbesamung

Bei diesen Arten erfolgt zunächst eine „innere" Besamung, also eine regelrechte Begattung. Die Weibchen können später einzeln oder in mehreren Exemplaren auch ohne männliche Partner ablaichen. Sie legen dann, mit Pausen, ihre Eier wahllos zwischen oder an Wasserpflanzen ab; die Zahl pflegt zwischen 3 und 10 Stück zu schwanken.
Die Aufzucht solcher Eier unterscheidet sich nicht wesentlich von denen der freilaichenden Salmler. Salmler mit Vorratsbesamung sind unter anderem: *Microbrycon cochui*, *Glandulocauda inequalis*, *Corynopoma riisei*, *Creagrutus beni*, *Gephyrocharax valencia* und *Gephyrocharax atracaudatus*.

Brutpflegende Salmler

Die Brutpfleger unter unseren Salmlern laichen gerne auf einem größeren Wasserpflanzenblatt ab, vor allem dann, wenn das Blatt in der Nähe der Wasseroberfläche steht.
Das Männchen reinigt zunächst einmal die Unterlage. Dauert die Putzerei dem Weibchen zu lange, so kann es allerdings passieren, daß sie ein anderes Männchen vorzieht. Flossenspreizend lockt der Herr der Schöpfung die Holde zu der zuvor ausgewählten Kinderwiege. Dabei benimmt er sich allerdings recht unsanft und schubst sie zuweilen recht kräftig in die Flanken. Gewöhnlich erfolgen zunächst einige Scheinpaarungen, ehe es zum Laichakt kommt. Dabei drücken sich die Tiere eng aneinander, das runde halbe Dutzend austretender Eier gleitet über die Afterflosse des Männchens an die zuvor gesäuberte Blattstelle. Die Eier haften unterschiedlich gut — je nach Art.
Nach dem Ablaichen wird das Weibchen vertrieben, und das Männchen widmet sich

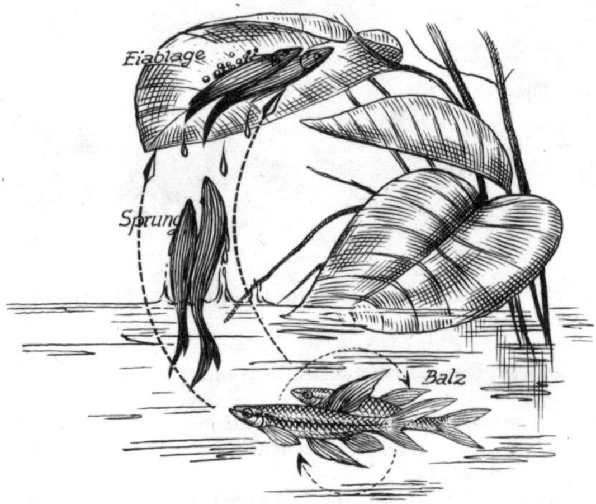

Bild 8: Laichverhalten des Spritzsalmlers Copeina arnoldi

allein der Brut. Ständig fächelt es den Eiern Frischwasser zu. Wenn die Jungfische nach ungefähr dreißig Stunden schlüpfen, endet auch die Fürsorge des Vaters.
Die Aufzucht der Brut ist nicht ganz einfach; sie ähnelt der Aufzucht bei den freilaichenden Salmlern. Wir kennen heute unter anderem die folgenden brutpflegenden Salmler-Arten: *Pyrrhulina vittata*, *Pyrrhulina nattereri*, *Pyrrhulina metae*, *Pyrrhulina rachoviana*, *Copeina collolepis*, *Copeina guttata*, *Copeina arnoldi*. Der Forellensalmler *(Copeina guttata)* laicht, im Gegensatz zu den anderen brutpflegenden Salmlern, in Bodennähe mit kreisenden Bewegungen. Er ist außerdem sehr produktiv; es wurde schon über Gelege bis zu 1 000 Eiern berichtet. Die Eier sind beim Forellensalmler besonders klebrig. Sie werden vom Männchen bis zum Schlüpfen der Jungen bewacht und gelegentlich befächelt.
Eine Sonderstellung nimmt *Copeina arnoldi*, der Spritzsalmler, ein. Er legt seine Eier außerhalb des Wassers ab, dabei werden Deckscheiben oder überhängende Blätter als Laichplätze gewählt. Ausnahmsweise sind es hier die Weibchen, die die Männchen zur Paarung anlocken. Beide Tiere springen, eng aneinandergedrückt, aus dem Wasser, und zwar 6 bis 10 cm hoch. Sie landen mit der Bauchseite an der zuvor ausgewählten Stelle und fallen, wenn sie ihre Geschlechtsprodukte abgestoßen haben, wieder zurück — das Männchen etwas später als das Weibchen. Während des Laichens heften sie sich mit Unterkiefer sowie Brust- und Bauchflossen an der Unterlage fest. Die gemeinsamen Sprünge werden zuerst geübt.
Sind die Eier abgelegt, so bespritzt das Männchen sie von Zeit zu Zeit mit der Schwanzflosse, bis die jungen Spritzsalmler geschlüpft sind. Sie werden dann durch heraufgespritztes Wasser abgeschwemmt. Wir können übrigens solche Gelege auch abnehmen und sie im Aufzuchtglase unter Wasser entwickeln lassen.

Das System der Salmler

Wir ordnen Tiere und Pflanzen nach ihrer Ähnlichkeit und nach ihrer Abstammung voneinander in Klassen, Ordnungen, Familien, Gattungen und Arten. Zu einer Art gehören alle Individuen, die untereinander fortpflanzungsfähig sind und fruchtbare Nachkommen erzeugen können. Verwandte Arten faßt man zu Gattungen zusammen, verwandte Gattungen zu Familien usw.
Unsere Salmler gehören zur Ordnung der Ostariophysi, zu der auch die Karpfenfische mit ihren vielen Nutz- und Aquarienfischen gehören. Die „Echten Salmler"

bilden innerhalb dieser Ordnung die Familie Characidae, die teilweise noch in Unterfamilien aufgegliedert wird. Den Salmlern ähnliche Familien, die aber heute als selbständig gelten, sind die Kopfsteher (Anostomidae), die Beilbauchfische (Gasteropelecidae), die Afrikasalmler (Citharinidae) sowie die Halbzähner (Hemiodontidae). Wie schon betont, behandeln wir in diesem Buche nicht nur die „echten" Salmler, sondern auch die anderen, ihnen nahe stehenden Familien, die der Aquarianer nach wie vor als „Salmler" zusammenfaßt.
Unser Bild (9) zeigt einerseits die verwandtschaftlichen Verhältnisse, andererseits (jeweils in einem Kreis von a bis e) typische Fischgestalten der Salmler und der Salmlerähnlichen.

Die aquaristisch wichtigsten Gattungen der Salmler

Familie Kopfsteher oder Engmaulsalmler (Anostomidae)

Salmlerähnliche Fische
Abramites, Anostomus, Chilodus, Curimatopsis, Curimatus, Laemolyta, Leporinus, Prochilodus, Tylobronchus.

Familie Afrikasalmler oder Geradsalmler (Citharinidae)

Salmlerähnliche Fische
Distichodus, Nannaethiops, Neolebias, Phago.

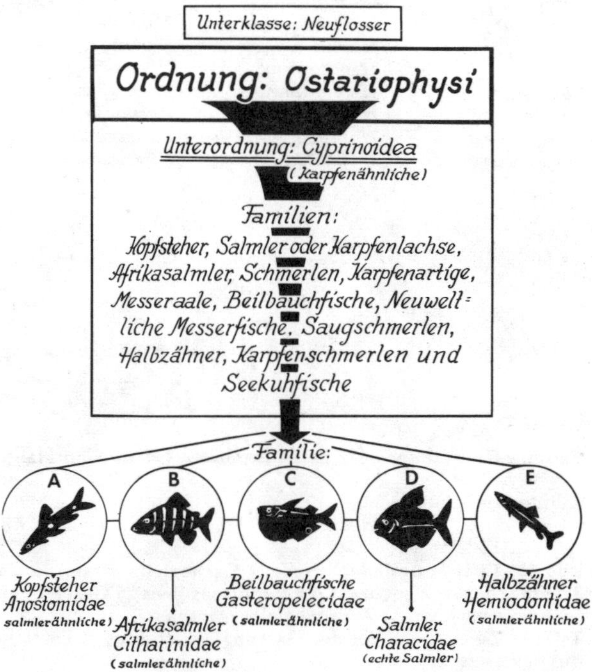

Bild 9: Die systematische Einordnung der Salmler und der Salmlerähnlichen Familien

Bild 10: Vier Typen Echter Salmler

Familie Beilbauchfische (Gasteropelecidae)

Salmlerähnliche Fische
Carnegiella, Gasteropelecus, Thoracocharax, Pterodiscus.

Familie Salmler (Characidae)

Echte Salmler
Acestrorhynchus,
Anoptichthys,
Aphyocharax,
Arnoldichthys,
Astyanax,
Brycon,
Bryconalestes,
Catoprion,
Chalcinus,
Chalceus,
Charax,
Cheirodon,
Copeina,
Corynopoma,
Creagrutus,
Creatochanes,
Crenuchus,
Ctenobrycon,
Ephippicharax,
Erythrinus,
Exodon,
Gephyrocharax,
Glandulocauda,
Gymnocorymbus,
Hasemania,
Hemibrycon,
Hemigrammus,
Hollandichthys,
Hoplias,
Hyphessobrycon,
Iguanodectes,
Leptagoniates,
Markiana,
Megalamphodus,
Metynnis,
Micralestes,
Mimagoniates,
Moenkhausia,
Myloplus,
Mylosoma,
Nematobrycon,
Phenacogaster,
Phenacogrammus,
Phoxinopsis,
Piabucus,
Piaractus,
Prionobrama,
Pristella,
Pseudocorynopoma,
Pygocentrus,
Pyrrhulina,
Rachoviscus,
Roeboides,
Rooseveltiella,
Serrasalmo,
Stethaprion,
Tetragonopterus,
Thayeria

Bild 11: Vier Typen Salmlerähnlicher Fische: a Beilbauchfische, b Halbzähner, c Kopfsteher, d Afrikasalmler

Familie Halbzähner oder Schlanksalmler (Hemiodontidae)

Salmlerähnliche Fische
Characidium, Hemiodopsis, Nannobrycon, Nannostomus, Poecilobrycon.

Bild 12, Tafel 1: Beilbauchfische. 1 Carnegiella myersi; 2 Carnegiella strigata vesca; 3 Thoracocharax secures; 4 Pterodiscus levis; 5 Gasteropelecus sternicla; 6 Thoracocharax maculatus; 7 Carnegiella marthae
Tafel 2: Zwei Arten aus der GattungDistichodus. 1 Distichodus affinis; 2 Distichodus sexfasciatus;

TAFEL 1

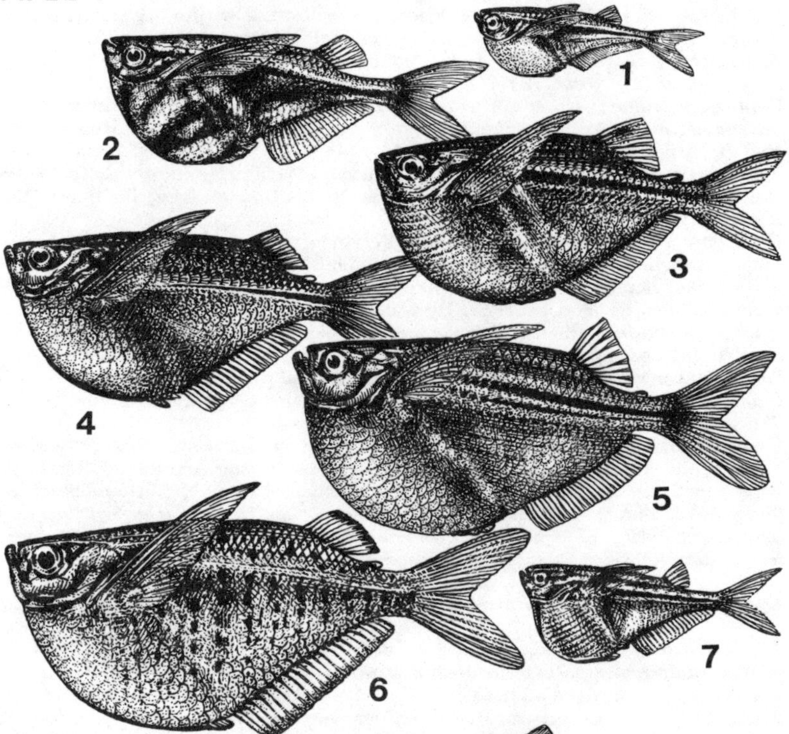

TAFEL 2

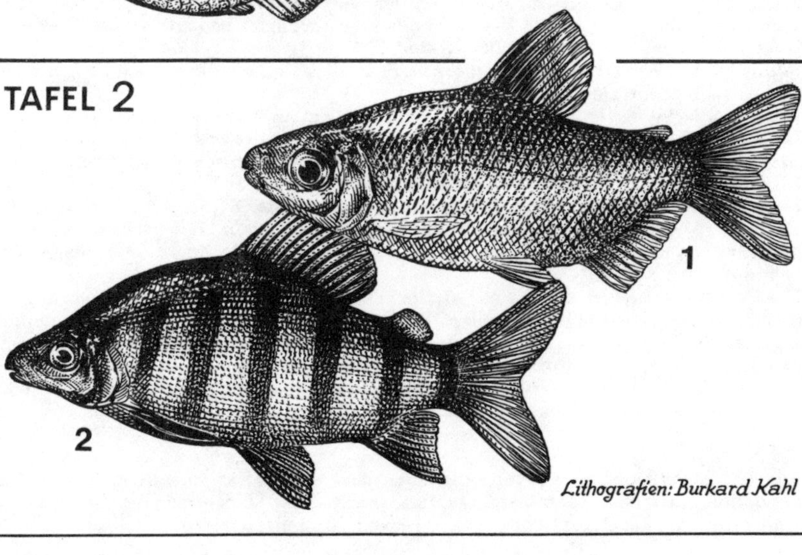

Lithografien: Burkard Kahl

Die Familie Beilbauchfische (Gasteropelecidae)

Der Körper dieser merkwürdigen Fische ist beilförmig seitlich zusammengedrückt. Es sind vier Gattungen mit jeweils einigen Arten bekanntgeworden.
Beilbäuche sind über große Teile Südamerikas verbreitet. In unseren Aquarien haben sich aber nur zwei Arten einen ständigen Platz erobern können: Der Gestreifte Beilbauchsalmler *(Carnegiella strigata)* und der silberne Beilbauchsalmler *(Gasteropelecus sternicla)*. Andere Arten tauchen nur gelegentlich einmal im Handel auf und sind eigentlich Raritäten.
Früher galten diese typischen Oberflächenfische als Unterfamilie der Echten Salmler. Beilbauchfische werden zwischen 2½ und 10 Zentimeter lang; ihr oberständiges Maul ist gut bezahnt, der Gaumen ist zahnlos.
Besonders auffällig sind die flügelartig verlängerten Brustflossen, die es diesen Fischen ermöglichen, das nasse Element zu einem kurzen, schwirrenden Flug zu verlassen. Der ziemlich scharfe Bauchkiel begünstigt solche Unternehmungen. Entsprechend kräftig sind auch die Brustflossenmuskeln.
Auch im Aquarium erheben sich erschreckte Beilbäuche zuweilen in die Luft, daher: Becken gut abdecken.
In der Natur leben die Beilbauchfische vorwiegend von Anflugnahrung und Insektenlarven. Im Aquarium ist die Fütterung kein Problem: Sie verschmähen sogar Trockenfutter nicht.
Über gelungene Zuchten von Beilbauchfischen ist nur wenig bekanntgeworden. Erfolge sind wahrscheinlich äußerst selten und mehr oder minder zufällig.
Außer den drei Arten, die wir auf unseren Farbseiten abbilden und beschreiben (Seite 60) kommen gelegentlich zu uns: Der Glasbeilbauch *(Carnegiella myersi)*, der Silberbeilfisch *(Thoracocharax securis)*, der Scheibenbauchsalmler *(Pterodiscus levis)*, der Gefleckte Beilfisch *(Thoracocharax maculatus)*.

Die Familie der Afrikasalmler oder Geradsalmler (Citharinidae)

Alle Arten dieser Familie stammen aus dem Schwarzen Erdteil. Wir finden bei den Afrikasalmlern ebenso verschiedene Fischformen wie bei den Echten Salmlern.
Manche Afrikasalmler sind friedliebend, einige Arten aber sind rauflustig oder raubgierig. Das gilt vor allem für die Arten der Gattung *Phago*, die am liebsten kleine Tiere, besonders aber kleine Fische verspeisen („Phago" bedeutet „Der Fresser"). Bekannte Arten der Gattung *Phago* sind: *Phago loricatus* (Gepanzerter Schnabelsalmler) und *Phago maculatus* (Gefleckter Schnabelsalmler), die beide im Niger leben und etwa 15 Zentimeter lang werden.
Die *Distichodus*-Arten sind kräftige, hochrückige und oft farbenprächtige Tiere. Leider werden sie für unsere herkömmlichen Aquarien etwas zu groß, und zudem sind sie ebenso zänkisch veranlagt wie die südamerikanischen Kopfsteher. Zum Leidwesen der Aquarianer verspeisen sie außerdem gerne Wasserpflanzen.
Bekannte *Distichodus*-Arten: *D. sexfasciatus*, *D. affinis*, *D. noboli*. Im ganzen gibt es etwa 18 Arten, die vorwiegend im Kongogebiet leben. Die *Distichodus*-Arten besitzen, wie die Echten Salmler, eine Fettflosse. Über die Zucht ist bisher nichts bekannt.
Die Gattung *Neolebias* umfaßt Arten, die verhältnismäßig klein sind. Ursprünglich hielt man sie sogar für Zahnkarpfen. Im Gegensatz zu den anderen Afrikasalmlern sind *Neolebias*-Arten ziemlich problemlose Aquarienfische. Will man sie züchten, so ist allerdings Lebendfutter unerläßliche Voraussetzung.
Beliebte Aquarienfische der Gattung *Neolebias: N. ansorgei* (Breitbandsalmler oder Grüner Neolebias), *N. landgrafi* (Roter von Kamerun), *N. unifasciatus*. Die *Neo-*

Bild 13: Sechs Kopfsteherarten (von oben nach unten): Leporinus melanopleura; Leporinus fasciatus; Laemolyta taeniata (nach einer Zeichnung von F. Mayer); Anostomus trimaculatus; Leporinus striatus; Abramites microcephalus

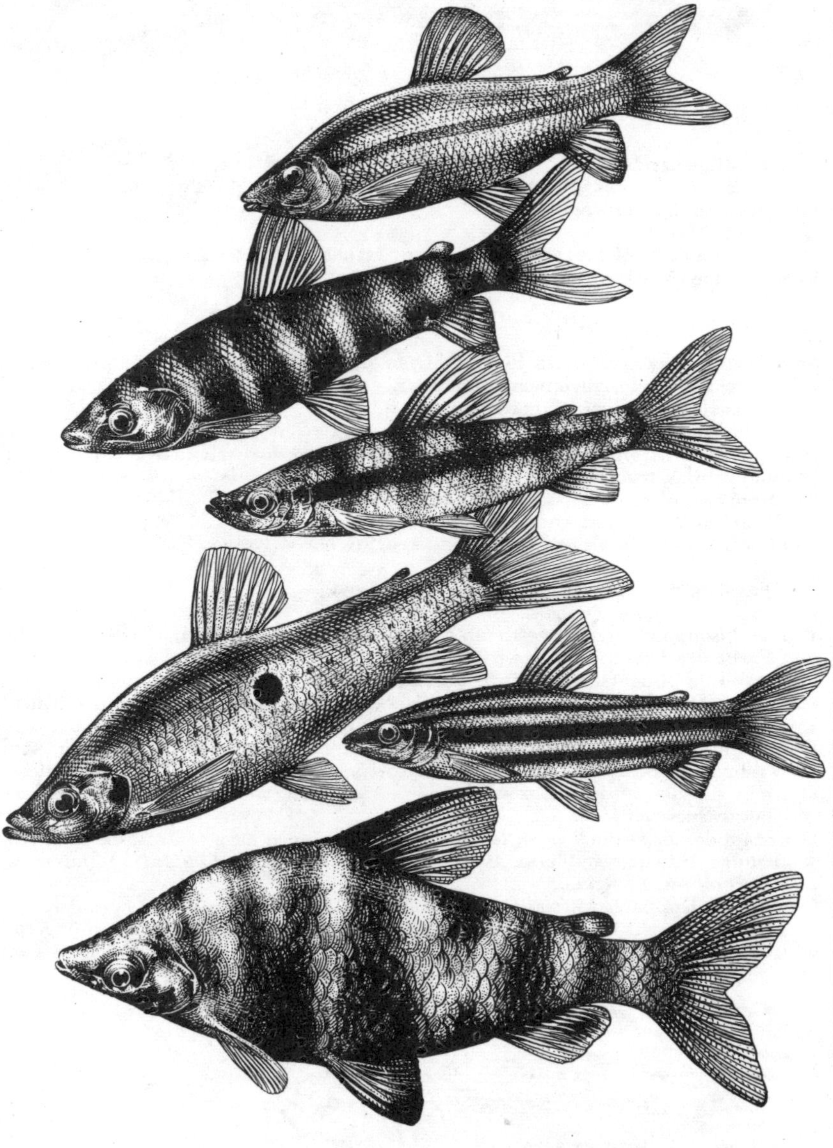

Lithografien: Burkard Kahl

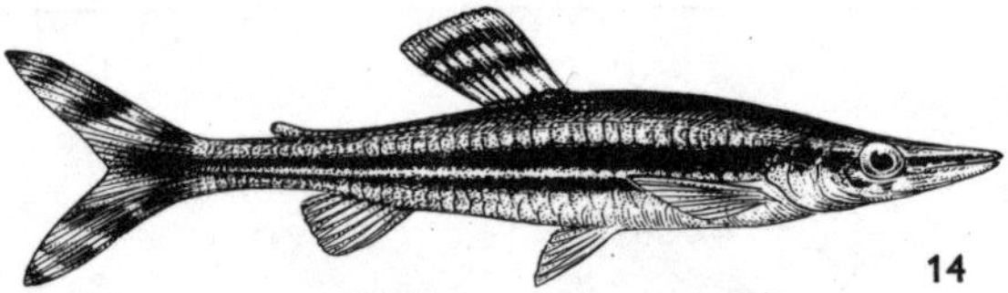

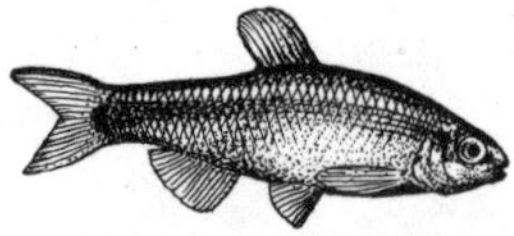

14

16

15

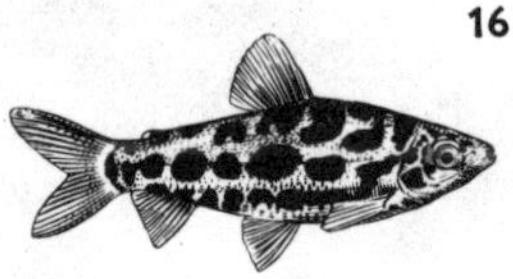

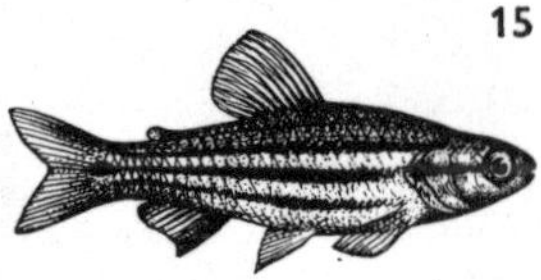

Bild 14: Gepanzerter Schnabelsalmler (Phago-loricatus). Nach einer Vorlage von F. Mayer
Bild 15: Oben: Neolebias ansorgei. Unten: Nannaethiops tritaeniatus
Bild 16: Eine gefleckte Leporinus-Art

lebias-Arten leben vor allem in Westafrika, Kamerun, Liberia sowie im Kongogebiet. Sie werden im allgemeinen nicht länger als 3½ bis 4½ Zentimeter, sind also ideale Fische für kleinere Aquarien.
Auch die Arten der Gattung *Nannaethiops* sind recht klein, wenngleich manche einige wenige Zentimeter länger werden als die *Neolebias*-Arten. Den Aquarianern bekannt sind: *N. tritaeniatus* (Dreistreifensalmler) und *N. unitaeniatus* (Afrikanischer Einstreifensalmler). Sie leben im Sudan, Nigerien und an der Goldküste. Ebenso wie die *Neolebias*-Arten sind sie leicht zu züchten. Sie brauchen viel Wärme und lieben Ruhe, wir sollten sie also nicht mit anderen Fischarten vergesellschaften.

Die Familie der Kopfsteher (Anostomidae)

Wenige Fischfamilien demonstrieren uns so deutlich, wie vielfältig in Gestalt, Form und Farbe das Leben im Wasser ist wie gerade die Kopfsteher oder Anostomiden. Sie führen ihren deutschen Namen durchaus zu Recht, denn ihre Unterwasserwelt sehen sie sich mehr oder weniger „kopfstehend" an und sogar Balz und Rivalenkämpfe absolvieren sie oft in dieser ungewöhnlichen Lage.
Die Familie ist sehr artenreich. Einige Arten sind besonders farbenprächtig, aber auch sehr groß. Besonders die Arten der Gattung *Leporinus* zeichnen sich in dieser Hinsicht aus. Sie werden nicht selten bis zu 45 cm lang und sind bei den Indianern geschätzte Speisefische.
Das Maul der *Leporinus*-Arten ist mit kräftigen Lippen ausgestattet, die zum Abweiden des Aufwuchses dienen. Bekannte *Leporinus*-Arten: *L. affinis*, *L. fasciatus*, *L. melanopleura*, *L. striatus*.
Obwohl die Kopfsteher oft auffallend träg sind, können sie sehr gut springen und zuweilen auch recht lebendig sein. Bei der Gattung *Leporinus* finden wir geringelte, gestreifte, gefleckte und zusätzlich noch sehr kräftig gefärbte Arten. Leider sind aber gerade die *Leporinus*-Arten ganz wild auf Wasserpflanzen.

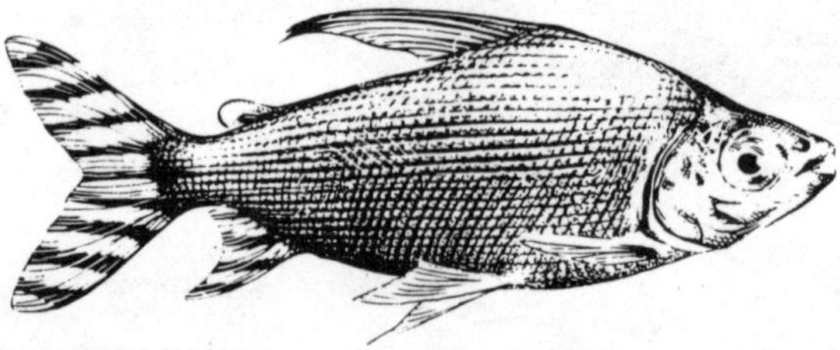

Bild 17: Der Nachtsalmler (Prochilodus insignis)

Kopfsteher, die wir gelegentlich in unseren Aquarien finden, sind die Gattungen *Anostomus*, *Abramites*, *Chilodus*, *Laemolyta* und *Prochilodus*. Die Arten dieser Gattungen werden nicht ganz so groß wie die *Leporinus*-Arten und sind daher für die Aquaristik besser geeignet. Gut bewährt haben sich *Anostomus anostomus* (Prachtkopfsteher) und *Chilodus punctatus* (Punktierter Kopfsteher).
Außer der Fettflosse, die sie mit den Salmlern gemeinsam haben, besitzen die Kopfsteher entweder ein mit Zupflippen ausgestattetes Maul oder aber das Maul ist klein, spitz, oberständig und dient zum Abweiden von Aufwuchs (Algen und dergleichen). Die Gestalt der meisten Kopfsteher ist spindelförmig, bei manchen Arten stark zusammengedrückt, und einige Arten haben auch aufgesetzte Riechgrubenanhänge. Fast alle Kopfsteher-Arten sind ihren Artgenossen gegenüber unverträglich — eine Art ist rauflustiger als die andere! Sie eignen sich nicht gut für die Pflege in kleinen Aquarien (Ausnahme: *Chilodus punctatus*); wer ihnen aber viel Wasser und dichten Pflanzenwuchs bieten kann, wird auch an Kopfstehern Freude haben.
Über die Zucht der Kopfsteher wissen wir so gut wie nichts. Sie ist sicherlich recht problematisch, vor allem weil viele Arten während der Laichzeit in andere, meist seichtere Gewässer ziehen. Zur Laichstimmung gehört also bei diesen Fischen die Laichwanderung.

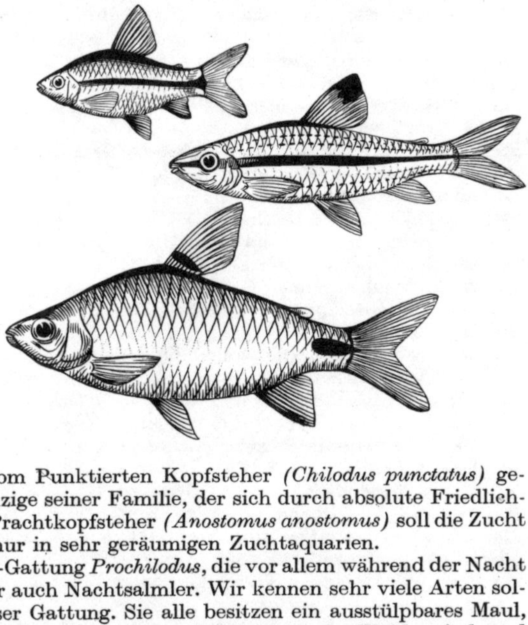

Bild 18: Drei Kopfsteherarten. Oben: Curimatopsis saladensis. Mitte: Tylobronchus maculosus. Unten: Curimatus argenteus

Zuchterfolge werden allein vom Punktierten Kopfsteher *(Chilodus punctatus)* gemeldet; er ist zugleich der einzige seiner Familie, der sich durch absolute Friedlichkeit auszeichnet. Auch beim Prachtkopfsteher *(Anostomus anostomus)* soll die Zucht schon geklappt haben, aber nur in sehr geräumigen Zuchtaquarien.
Interessant ist die Kopfsteher-Gattung *Prochilodus*, die vor allem während der Nacht aktiv ist. Man nennt sie daher auch Nachtsalmler. Wir kennen sehr viele Arten solcher „Nachtsalmler“ aus dieser Gattung. Sie alle besitzen ein ausstülpbares Maul, das, vorgestreckt, einer Saugscheibe ähnelt. Da die Fische starke Wühler sind, und da sie sehr groß werden (20, 35 oder gar 40 cm sind keine Seltenheit), eignen sie sich nur beschränkt fürs Aquarium. Sie sind zwar sehr gute Algenvertilger — für viele Pfleger eine schätzenswerte Eigenschaft — aber zuweilen gilt ihr Interesse doch auch den anderen Wasserpflanzen.
Fast alle Kopfsteher-Arten stellen an die Wasserbeschaffenheit wie an das Futter kaum Ansprüche.
Ein wenig bekannter Kopfsteher ist *Curimatopsis saladensis*, der Grünbandsalmler. Er wird etwa 6 cm lang, zeigt einen silbernen Glanz mit grünlichem Schimmer und besitzt an der Schwanzwurzel einen schwarzen Fleck. Ähnlich ist der Silberbreitling *(Curimatus argenteus)*, der allerdings bis zu 15 cm lang wird. Ihn zeichnet ein starker Silberglanz aus, auf der Schwanzwurzel trägt er einen dunklen, länglich-

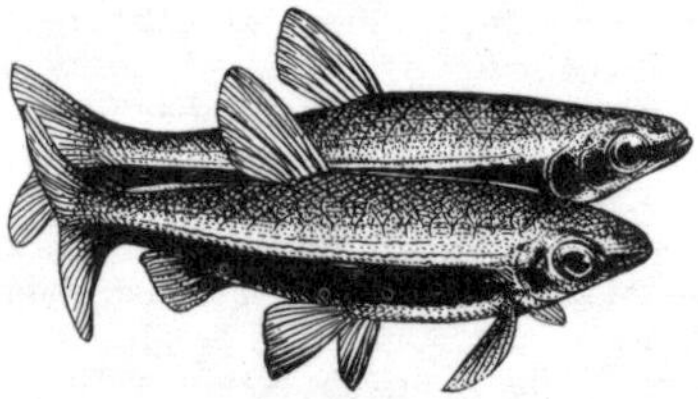

Bild 19: Imponierende Männchen von Nannostomus beckfordi aripirangensis

tropfenförmigen Fleck, und die Rückenflossenbasis ziert eine dunkle Binde. Die Flossen sind rötlich getönt. Die Fische grasen gerne Algenrasen ab und durchwühlen ständig den Bodengrund nach Eßbarem. Die beiden zuletzt genannten Arten sind Allesfresser.

Ähnlich dem *Chilodus punctatus* (und oft mit ihm verwechselt) ist *Tylobronchus maculosus*, der länger als 15 Zentimeter wird und sehr wärmeliebend ist. Sein Maul ist mit dicken Lippen ausgerüstet und mit kleinen Zähnchen besetzt.

Die Familie der Halbzähner oder Schlanksalmler (Hemiodontidae)

Die meisten Arten dieser Familie stammen aus Südamerika. Viele sind sehr beliebte Aquarienfische (Ziersalmler). Auffallend sind das kleine, spitze Maul, die steife Schwimmweise, die zierlichen Formen und die vibrierenden Flossenbewegungen. Einige Arten besitzen eine Fettflosse, anderen fehlt sie. Der Körper ist meist stiftförmig, die Färbung sehr ansprechend. Die Arten der Gattung *Nannobrycon* fallen durch ihre besondere Körperhaltung auf: Sie stehen meist schräg nach oben gerichtet. Die Männchen der Halbzähner führen reizende Imponierkämpfe aus, nicht minder reizvoll sind Balz und Laichgeschäft. Zum Teil sind die Halbzähner Freilaicher, zum Teil heften sie ihre Eier an feste Unterlagen an, zum Beispiel an breite Wasserpflanzenblätter.

Die Eltern verspeisen gelegentlich ihre Eier, und daher sollten wir die Brut mit den üblichen Mitteln schützen. Bewährt haben sich Glasroste, Kieselsteine, Pflanzendickichte usw.

Ins Gesellschaftsaquarium wollen diese kleinen Bleistiftfische nicht so recht passen; sie haben gelegentlich doch unter größeren Mitbewohnern zu leiden. Nach Möglichkeit pflegen wir Halbzähner in weichem, leicht saurem Wasser und bieten ihnen dunklen Bodengrund sowie dichtes, feinfiedriges Pflanzenwerk. Grelle Beleuchtung bekommt ihnen nicht, dagegen suchen sie gerne schattige Plätze auf. Solche Schattenplätze schaffen wir ihnen am besten mit Schwimmpflanzen, die zusätzlich noch viel zartes Wurzelwerk bilden. Geeignete Dekorationen sind abgerundete Steine, Wurzeln aus Torfstichen, und sogenanntes Steinholz.

Das kleine, endständige Maul gestattet den Halbzähnern nur die Aufnahme von allerfeinstem Futter. Dennoch verschmähen sie Trockenfutter nicht. Zu Boden gefallene Flocken nehmen sie allerdings nicht gerne an. Dazu können wir uns Zwergpanzerwelse als Restvertilger anheuern.

Ein wenig empfindlich sind die Arten der Gattungen *Nannobrycon (= Poecilobrycon)* und *Nannostomus*.

Viele Halbzähner, vor allem die kleinen bleistiftförmigen, zeigen bei Tage und während der Nacht eine unterschiedliche Färbung. Bei Tag sind sie meistens längs-, bei Nacht quergestreift. Wir sollten stets mehrere Exemplare pflegen, denn diese Fische lieben Gesellschaft ihresgleichen über alles.

Bild 20: Zehn Arten der Familie Halbzähner. 1 Nannobrycon unifasciatus; 2 Nannostomus digrammus; 3 Nannostomus beckfordi beckfordi; 4 Nannostomus trifasciatus; 5 Nannostomus beckfordi aripirangensis; 6 Nannostomus bifasciatus; 7 Poecilobrycon harrisoni; 8 Poecilobrycon espei; 9 Characidium fasciatum; 10 Hemiodus semitaeniatus

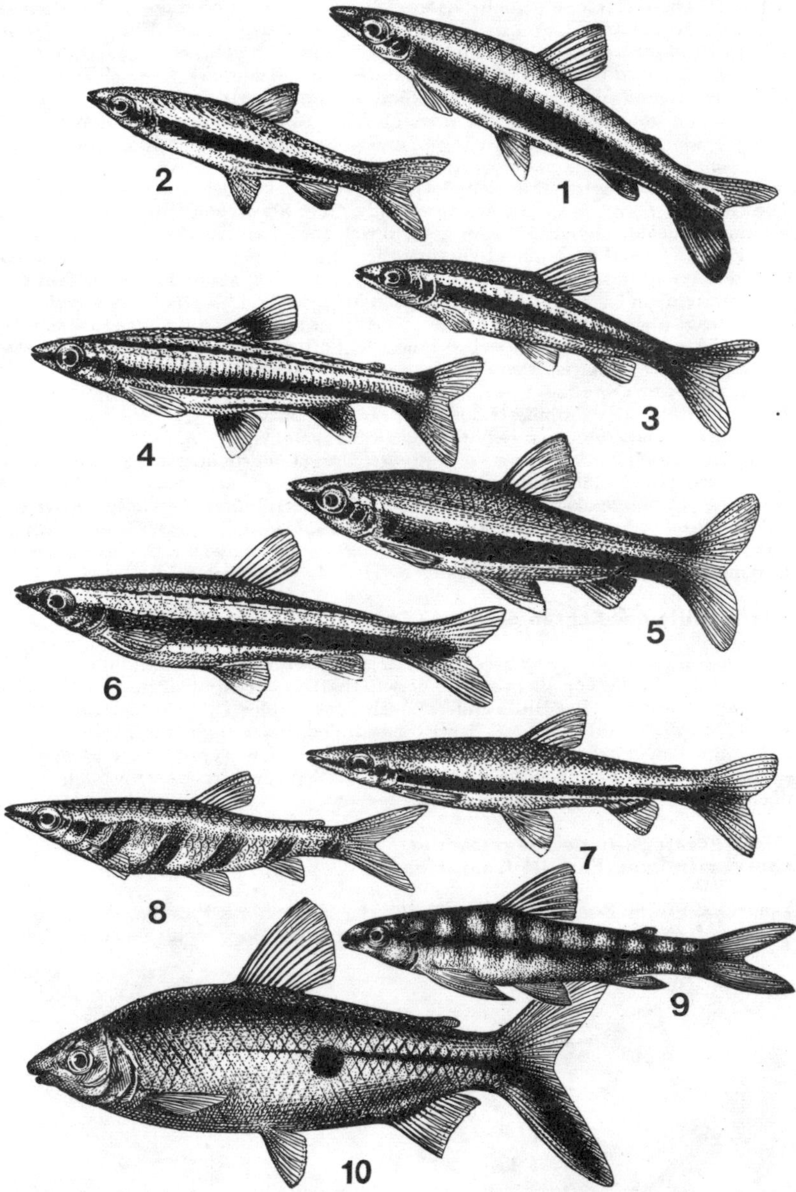

Lithografien: Burkard Kahl

In der Familie der Halbzähner finden wir auch Arten, die, ähnlich den Welsen, am Boden leben. Das gilt vor allem für die Arten der Gattung *Characidium* (Grundsalmler). Diese Gattung ist sehr artenreich, aber leider sind diese Bodenfische dem heutigen Aquarianer kaum mehr bekannt. Früher war das anders, da hatte man *Characidium*-Arten sogar recht häufig zur Nachzucht gebracht. Bekannte Grundsalmler: *Characidium fasciatum* (Gebänderter Grundsalmler), *Characidium rachovii* (Rachovs Grundsalmler); beide stammen aus Südamerika. Ihre Färbung ist dem Bodenleben angepaßt: Auf braun-gelblichem Grunde finden wir unregelmäßige Längsbinden mit Querbändern. Die Grundsalmler werden 6 bis 10 Zentimeter lang. Sie tragen eine Fettflosse. In afrikanischen Gewässern lebt die Gattung *Nannocharax*, die mit *Characidium* sehr leicht zu verwechseln ist. Also Vorsicht!
Die Gattung *Hemiodopsis* ist kräftiger und größer als die anderen Halbzähner, und sie unterscheidet sich von ihnen auch durch ihre Lebensweise. Im Gegensatz zu den zierlichen und schlanken Schrägstehern, Ziersalmlern und Längsbandsalmlern sind die Arten dieser Gattung starke Fresser, die nicht selten bis zu 20 Zentimeter lang werden und zum Teil auch Pflanzen verzehren. Das Maul der *Hemiodopsis*-Arten trägt nur im Oberkiefer Zähne und ist leicht unterständig. Meist ist eine Fettflosse vorhanden. Die Tiere schwimmen lebhaft und sind zuweilen etwas streitsüchtig. In der Aquaristik sind *Hemiodopsis*-Arten wenig bekannt, da sie nur sehr selten eingeführt werden.
Wichtige Arten der Familie Halbzähner (Hemiodontidae):
Nannobrycon unifasciatus (Pfauenaugen-Schrägsteher); *Nannostomus digrammus* (Goldanomalus); *Nannostomus beckfordi beckfordi* (Längsbandsalmler); *Nannostomus trifasciatus* (Dreibindensalmler); *Nannostomus beckfordi aripirangensis* (Roter Ziersalmler); *Nannostomus bifasciatus* (Zweistreifen-Ziersalmler); *Poecilobrycon harrisoni* (Bleistiftfisch oder Harrisons Ziersalmler); *Poecilobrycon espei* (Espes Ziersalmler oder Espes Nadelfisch); *Characidium fasciatum* (Gebänderter Grundsalmler oder Bodensalmler); *Hemiodus semitaeniatus* (Halbstreifensalmler).

Die Familie der Echten Salmler (Characidae)

Zu den Echten Salmlern gehören die vielen hübschen, friedlichen, bunten, kleinen Aquarienfische, die vor allem unsere Gesellschaftsaquarien beleben: Der Neonfisch, der Zitronensalmler, der Blutsalmler, Leuchtflecksalmler, Glühlichtsalmler, der Rote von Rio, der Schmucksalmler, der Rosensalmler und wie sie alle heißen. Auf den nachfolgenden Farbseiten stellen wir, neben einigen typischen Vertretern der salmlerähnlichen Familien vor allem Echte Salmler vor. Zuvor aber wollen wir hier noch einige wichtige Unterfamilien besprechen:

Die Unterfamilie der Sägesalmler (Serrasalminae, Familie Characidae)

Der bekannteste Fisch dieser Familie ist der gefürchtete Piranha, den man auch Wasserhyäne, Wasserwolf oder Karibenfisch nennt. Das Gebiß dieses Räubers ist

Bild 21: Der Echte Sägesalmler Pygopristis denticulatus

Bild 22: Zwei Echte Sägesalmler. Serrasalmo brandtii (oben) und Serrasalmo rhombeus (unten).

hervorragend ausgebildet und wahrhaft messerscharf. Die Zähne sind auffallend spitz, oft nach hinten gerichtet. Die Bauchkante ist mit sägezahnartigen Schuppen besetzt, daher der Name „Sägesalmler".
Die Tiere sind zwar sehr freßgierig, aber sie fallen, nach allem, was wir heute wissen, nur kranke oder verletzte Tiere an. Unverletzte Menschen und Tiere können, wie wir hören, ohne Furcht in piranhaverseuchten Gewässern baden. Nach Augenzeugenberichten waschen Indianerfrauen ihre Wäsche sogar in umherschwimmenden Piranhaschwärmen, und Kinder baden ohne Furcht zwischen diesen blutrünstigen Räubern. Verletzt darf man allerdings nicht sein, denn Blutgeschmack bzw. Blutgeruch löst den Angriff aus. Dann freilich scheint es möglich, daß man von Sägesalmlern buchstäblich aufgefressen wird. Besonders aggressiv sind die Arten mit bulldoggenähnlichem Kopf, weniger die mit länglichem Profil.
Die Fische werden 25 bis 40 Zentimeter lang, sie sind also an sich nicht sonderlich groß, dafür aber umso temperamentvoller, wenn es ums Fressen geht. Einige Arten sind ungewöhnlich schön, zugleich aber auch besonders angriffslustig.
Sägesalmler lieben warmes Wasser; wir finden sie in fast allen tropischen Gewässern Südamerikas, besonders Brasiliens.
Für die Aquaristik kommen Sägesalmler wohl nur als Jungfische in Frage, vorzügliche Objekte sind sie jedoch für große Schauaquarien. Einigen zoologischen Gärten sind Nachzuchten gelungen.
Werden Sägesalmler nicht richtig gepflegt, so fallen sie auch ihre Artgenossen an, und in Schauaquarien können wir dann stark beschädigte Tiere beobachten. Sie sind entweder schlecht ernährt, unsachgemäß gehältert, oder aber es handelt sich um frisch importierte Tiere, die sich, zu dicht gedrängt, gegenseitig gebissen haben. Einige Arten der Sägesalmler betreiben übrigens Brutpflege.

Wichtige Arten der Sägesalmler:
Pygopristis denticulatus (Echter Sägesalmler); *Serrasalmo brandtii; Serrasalmo rhombeus* (Gefleckter Piranha); *Serrasalmo spilopleura; Serrasalmo nattereri* (Roter Piranha); *Serrasalmo niger* (Schwarzer Piranha); *Pygocentrus calmoni.*

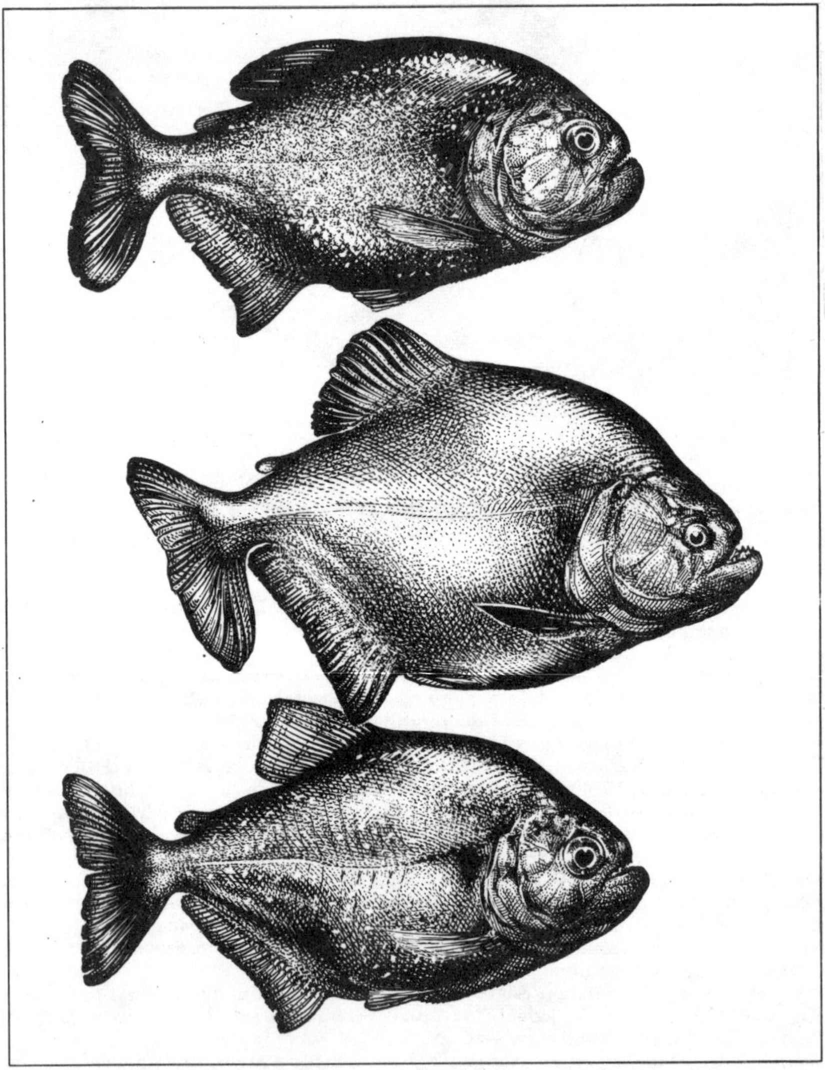

Bild 23: Drei Sägesalmler-Arten (von oben nach unten). Serrasalmo nattereri; Serrasalmo niger; Pygocentrus calmoni.

32 Farbporträts

Fortsetzung des beschreibenden Textes auf Seite 64

Langflossensalmler

Alestes longipinnis, Langflossensalmler oder Rotaugen-Kongosalmler
Familie: Characidae (Echte Salmler)
Heimat: Westafrika
Größe: bis 13 Zentimeter
Haltung: Große Becken mit teilweise dichter Bepflanzung, gedämpftes Licht (im hellen Licht kommen die Tiere nicht gut zur Geltung und fühlen sich nicht wohl). Sehr schwimmfreudige Art. Allesfresser, Zusatzfütterung mit Insekten wirkt sich sehr günstig aus.
Zucht: Weiches, möglichst über Torf gefiltertes Wasser. Freilaicher, die nur in gedämpften Licht laichen. Kräftiges Lebendfutter ist Voraussetzung für den Laichansatz.
Besonderes: Ausgewachsene Männchen mit verlängerten Rückenflossenstrahlen. Leuchtfleck auf der Schwanzflossenwurzel, darunter intensiv schwarzer, kurzer Streif. Fettflosse. Obere Iris leuchtend orangerot. Es gibt einige andere Arten, die dem Langflossensalmler sehr ähnlich sind. Verwechslungsgefahr! Der nächste Verwandte von *Alestes longipinnis* ist *Alestes chaperi*.

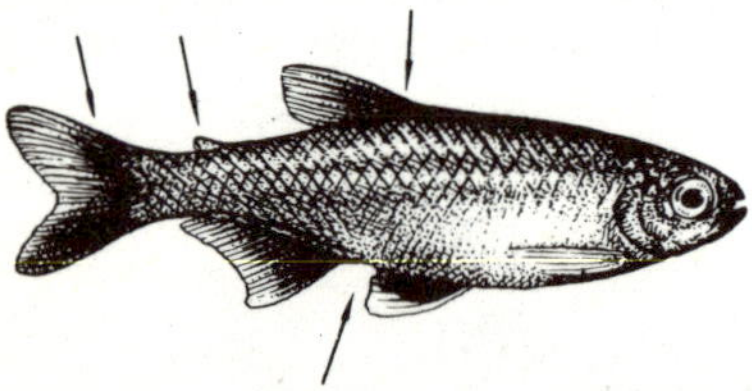

Rotflossensalmler

Aphyocharax rubropinnis, Rotflossensalmler
Familie: Characidae (Echte Salmler)
Heimat: Stromgebiet des Parana (Rio-de-la-Plata)
Größe: 4,5 bis 5 Zentimeter
Haltung: Anspruchsloser, lebhafter Schwarmfisch. Temperaturen 20—24° C. Allesfresser. Stellt keine besonderen Ansprüche an die Wasserbeschaffenheit, in weichem Wasser erscheinen die Fische farbiger. Der Rotflossensalmler ist ein recht widerstandsfähiger Fisch. Sogar Temperaturstürze bis auf 16° Celsius kann er ohne Schaden überstehen.
Zucht: einfach. Weiches Wasser vorteilhaft. Die Tiere laichen gerne unter der Wasseroberfläche ab, besonders die Weibchen stellen den absinkenden Eiern stark nach, daher: niedrige Wasserhöhe und Laichrost. Will ein Paar nicht ablaichen, so verwende man mehrere Tiere mit einer Überzahl an Männchen („Schwarmansatz").
Besonderes: Silberglanz. Flossen rot mit weißen Spitzen. Fettflosse. Männchen intensivere Rotfärbung der Flossen, schlanker, Paarungshäkchen in der Afterflosse. Weitere *Aphyocharax*-Arten: *Aphyocharax pusillus* und *Aphyocharax axelrodi*.

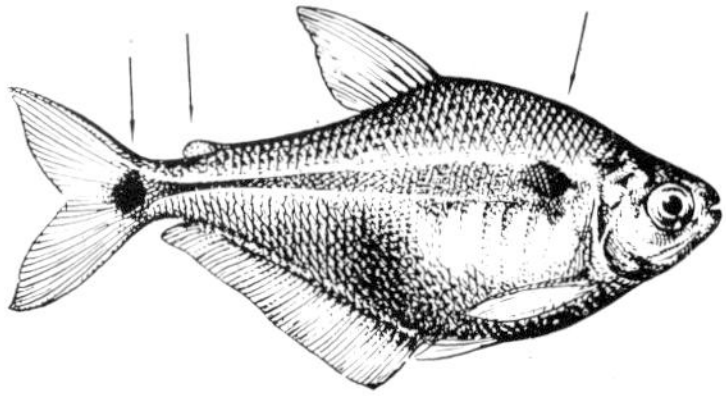

Silbersalmler

Ctenobrycon spilurus, Silbersalmler, Talerfisch oder Hochrückensalmler
Familie: Characidae (Echte Salmler)
Heimat: Nördliches Südamerika (Küstennähe)
Größe: 8 bis 9 Zentimeter
Haltung: Robuster und lebhafter Schwarmfisch, schwimmfreudig. Stürmisches Liebesspiel. Nicht mit kleinen Salmler-Arten vergesellschaften. Geräumige Aquarien mit viel Schwimmraum und Pflanzenbeständen, in denen die bedrängten Weibchen Schutz suchen können. Temperaturen: 20—22° C, Werte darunter oder darüber werden ohne Schaden ertragen. Keine Sonderansprüche an die Wasserbeschaffenheit. Allesfresser, gelegentliche Gaben von Lebendfutter günstig.
Zucht: Sehr produktive Freilaicher, daher in großen Behältern zur Zucht ansetzen. Vor der Zucht mit kräftigem Lebendfutter füttern. Aufzucht der Jungfische problemlos.
Besonderes: Stark silberglänzend, im Auflicht grüngelb schillernd. Dunkles Dreieck in der Schwanzflossenwurzel, Schulterfleck. Blaugrün-schimmernde Längsbinde. Fettflosse. Weibchen voller als das kleiner bleibende Männchen, dessen Bauch- und Afterflossen rötlicher sind.

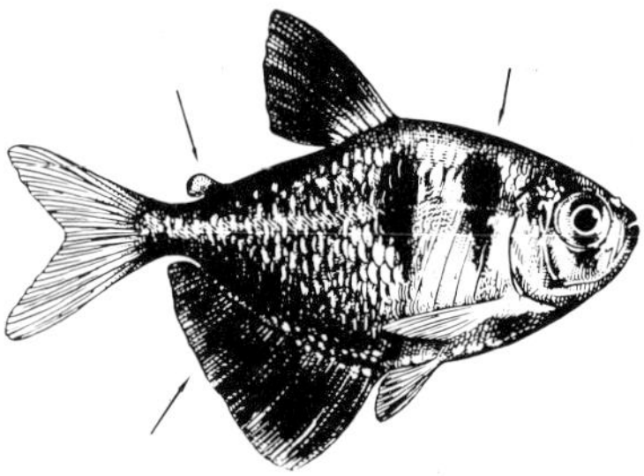

Trauermantelsalmler

Gymnocorymbus ternetzi, Trauermantelsalmler, „Schwarzer Tetra"
Familie: Characidae (Echte Salmler)
Heimat: Südamerika (Bolivien, Brasilien, Paraguay)
Größe: bis zu 6 Zentimeter
Haltung: Friedlicher Schwarmfisch. Keine Sonderansprüche an das Wasser, weiches durch Torf leicht angesäuertes Wasser günstig. Temperatur um 24—25° C. Freier Schwimmraum und Pflanzenbestände erforderlich. Allesfresser.
Zucht: Einfach. Zuchttemperatur 25—28° C. Elterntiere gut mit Lebendfutter ernähren. Sehr produktive Art; in weichem Wasser ist der Zuchterfolg größer. Freilaicher. Jungtiere wachsen zuerst rasch, und stocken dann eine Zeitlang im Wachstum.
Besonderes: Zwei dunkle Querbänder, Vorderkörper hellgrau, Hinterkörper oft tief schwarz. Großflächige Afterflosse. Fettflosse. Männchen etwas kleiner und schlanker als die Weibchen; das Schwarz in der Afterflosse ist bei ihnen noch intensiver.

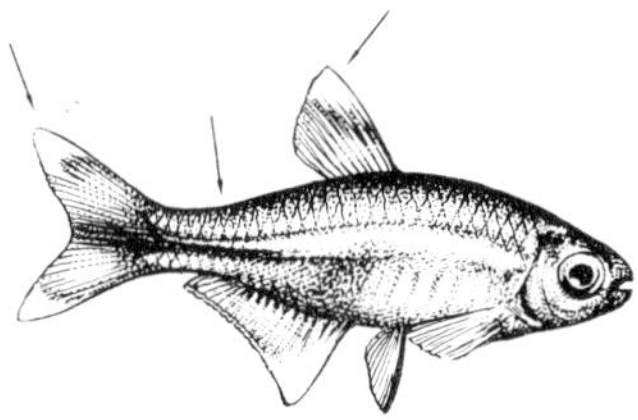

Kupfersalmler

Hasemania marginata (neuerdings: *Hemigrammus nanus*), Kupfersalmler
Familie: Characidae (Echte Salmler)
Heimat: Südöstliches Brasilien
Größe: bis zu 5 Zentimetern
Haltung: Friedlicher, lebhafter Schwarmfisch. Braucht Schwimmraum und Pflanzenbestände. Keine Sonderansprüche an Wasserbeschaffenheit. Temperaturen 22—24° C, auch zur Zucht. Allesfresser. Am besten kommt der Fisch zur Geltung, wenn man ihn nur mit Angehörigen seiner Art zusammenhält, und wenn er einerseits genügend Raum zum Ausschwimmen, andererseits Pflanzendickicht als Unterschlupf zur Verfügung hat.
Zucht: Gelingt nicht immer auf Anhieb. Voraussetzung: Gute Ernährung der Tiere und Harmonieren der Paare. Wasser kann bis zu 10° dH hart sein. Laichräuber, daher Laichrost. Jungfische sehr klein und empfindlich, sollten zunächst nur mit feinstem Tümpelplankton ernährt werden. Freilaicher.
Besonderes: Kupferglanz, weiße Flossenspitzen, kurze, schwarze Binde, die sich von der Körpermitte zum Schwanz verbreitert. Keine Fettflosse. Männchen intensiver gefärbt, etwas schlanker als die Weibchen.

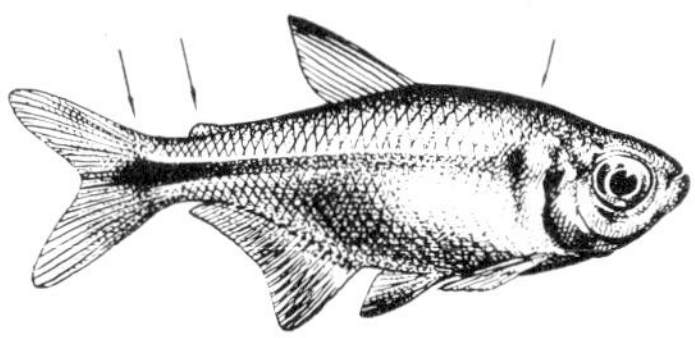

Rautenflecksalmler

Hemigrammus caudovittatus, Rautenflecksalmler oder Schwanzbandsalmler
Familie: Characidae (Echte Salmler)
Heimat: Südamerika (Gebiet um den Rio la Plata)
Größe: 9 bis 12 Zentimeter
Haltung: Friedlicher und robuster Schwarmfisch. Passt gut zum „Gelben von Rio“, zum Silbersalmler oder zum Scheibensalmler. Geräumige Aquarien mit Versteckplätzen. Keine Sonderansprüche an Wasserbeschaffenheit. Temperatur 18—23° C. Vergreift sich gelegentlich an Wasserpflanzen. Allesfresser. Obwohl der Fisch verhältnismäßig niedere Temperaturen erträgt, ist er bei höheren Temperaturen wesentlich schöner. Zur Bepflanzung eignen sich Cryptocorynen, die der Rautenflecksalmler meistens nicht anfrißt.
Zucht: Einfach, laicht in fast jedem Wasser ab. Zuchtansatz zwei Weibchen auf ein Männchen. Balz sehr stürmisch. Produktive Art, daher große Zuchtbehälter wählen. Jungfische gleichmäßig und reichlich mit Nahrung versorgen. Freilaicher.
Besonderes: Flossen rötlich, manchmal stark rot, Schulterfleck, zum Schwanz hin sich verbreiternde Längsbinde. Fettflosse. Männchen etwas farbkräftiger und kleiner als die Weibchen.

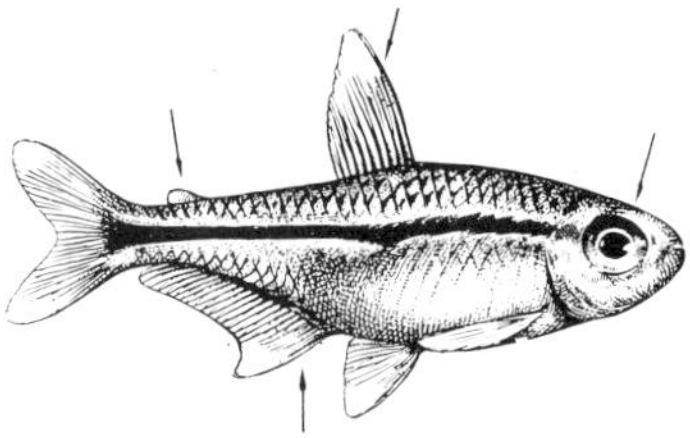

Hemigrammus erythrozonus (früher fälschlich: *Hyphessobrycon gracilis*), Glühlichtsalmler
Familie: Characidae (Echte Salmler)
Heimat: Waldgewässer des tropischen Guayana und Paraguay
Größe: um 4 Zentimeter
Haltung: Ruhiger Schwarmfisch, meist in Bodennähe. Temperamentvolle Gesellschaft bekommt ihm nicht. Neonfische passen gut zu ihm. Dichtes Pflanzenwerk, dunkler Bodengrund, weiches, über Torf gefiltertes Wasser. Temperaturen um 24—25° C. Allesfresser, dankbar für Lebendfutter. Die rote Leuchtbinde kommt glühend zum Vorschein, wenn der Fisch nicht zu hell gehalten wird, und wenn man ihm vor allem Abschattung und dunklen Bodengrund bietet.
Zucht: Nicht besonders schwierig. Wasserhärte weniger als 7° dH (je weicher desto besser). Jungfische sehr widerstandsfähig. Zuchtaquarien mit 20 Liter Inhalt genügen. Elterntiere sollten nicht zu jung sein. Freilaicher.
Besonderes: Glühend rote Längsbinde, weiße Flossenspitzen. Fettflosse. Männchen etwas schlanker und kleiner als die Weibchen, zeigen zeitweilig etwas eingefallenen Leib.

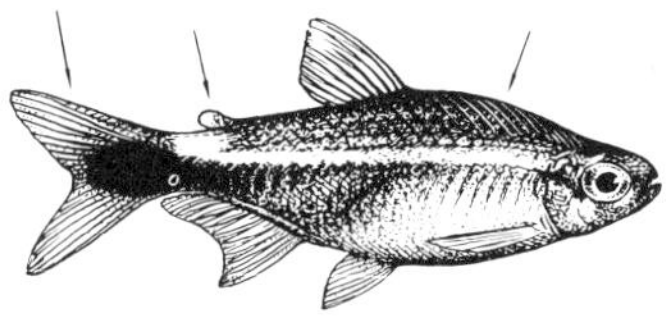

Hemigrammus hyanuary, Grüner Neonsalmler, Neoncostello, Costellosalmler
Familie: Characidae (Echte Salmler)
Heimat: Südamerika (Hyanuarysee bei Manaus am Amazonas)
Größe: bis zu 5 Zentimeter
Haltung: Friedlicher, anspruchsloser Schwarmfisch. Leicht angesäuertes, weiches Wasser erhöht Farbigkeit und Wohlbefinden. Temperaturen um 24—26° C. Dichter Pflanzenwuchs und genügend Schwimmraum. Schwärme stehen meist ruhig zwischen den Pflanzen. Der Grüne Neonsalmler ist ein Allesfresser, benötigt aber für den Laichansatz lebende Nahrung.
Zucht: „Problemfisch". Benötigt extrem weiches Wasser. Zuchttemperatur um 24—26° C. Paare sollten gut miteinander harmonieren. Freilaicher. Jungfische etwas anfällig.
Besonderes: Goldgelber Leuchtfleck auf der Schwanzwurzel, helle Längsbinde, dunkler, fast schwarzer Fleck von der Mitte der Schwanzflosse zum Körper hin. Weibchen kräftiger, wirken — geschlechtsreif — dick. Der Grüne Neonsalmler kann mit vielen anderen Salmlern leicht verwechselt werden. Mit dem Neonfisch ist *Hemigrammus hyanuary* trotz des ähnlichen deutschen Namens nicht näher verwandt.

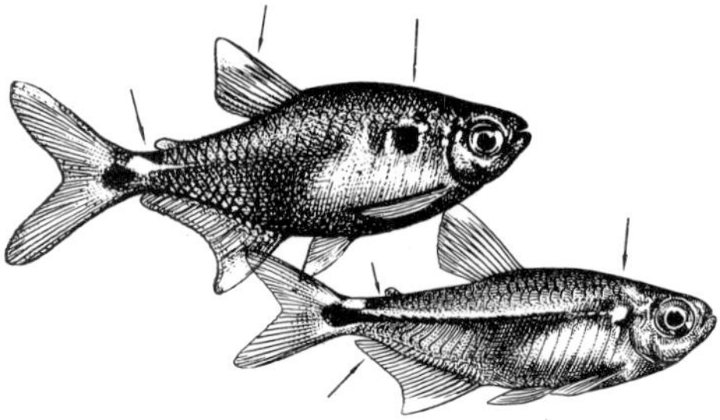

Laternenträger

Hemigrammus ocellifer falsus, Laternenträger, Rücklichtsalmler, Schlußlichtsalmler
Familie: Characidae (Echte Salmler)
Heimat: Amazonas
Größe: etwa 5 Zentimeter
Haltung: Friedliche und anspruchslose Schwarmfische. Weiches, leicht saures Wasser ist vorzuziehen. Allesfresser.
Zucht: Nicht sonderlich schwierig. Vor dem Laichen heftige Liebesspiele. Zuchttemperatur 22—24° C. Freilaicher.
Besonderes: Die Skizze zeigt zwei Unterarten des Laternenträgers: den „echten" Laternenträger *Hemigrammus ocellifer ocellifer* (oben) und den hier beschriebenen *Hemigrammus ocellifer falsus*. *H. ocellifer ocellifer* besitzt einen kräftigeren Schulterfleck und Glühsignale auf Schwanz, Flossenbasis und Schulter. *H. ocellifer falsus* ist nicht so farbig, zeigt eine Längsbinde, der Schulterfleck ist undeutlicher. Beide Unterarten mit Fettflosse.

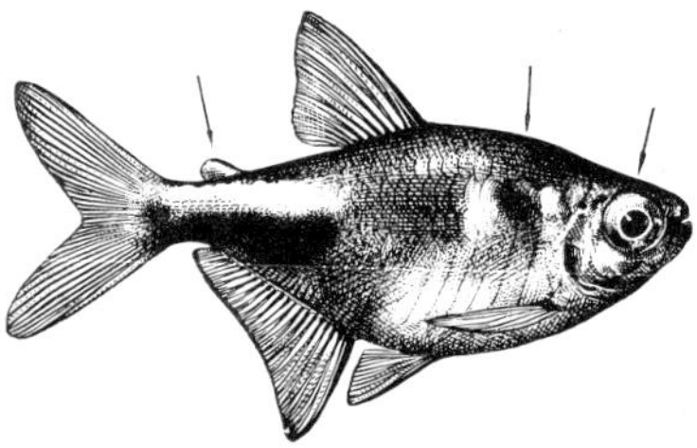

Karfunkelsalmler

Heimgrammus pulcher, Karfunkelsalmler
Familie: Characidae (Echte Salmler)
Heimat: Südamerika, oberes Amazonasstromgebiet
Größe: 4,5 Zentimeter
Haltung: „Schwarzwasser", sehr weich, durch Torffilterung leicht angesäuert. Nur gedämpftes Licht! Tiere halten sich gerne an der Wasseroberfläche auf. Allesfresser. Temperaturen um 24° C.
Zucht: Schwierig. Weiches, torfgefiltertes Wasser Voraussetzung. Weibchen brauchen vor dem Laichen unbedingt Lebendfutter. Freilaicher. Jungfische sehr klein, brauchen zuerst allerfeinstes Infusorienfutter.
Besonderes: Ein plump wirkender, aber in der Farbe sehr schöner Salmler mit auffallend leuchtenden Schulter- und Schwanzwurzelflecken. In der unteren Hälfte des Hinterkörpers findet sich ein schwarzer Keil. Fettflosse vorhanden. Die Männchen sind etwas schlanker als die oft sehr kräftig wirkenden Weibchen. Rücken- und Afterflosse der Männchen sind größer als die der Weibchen.

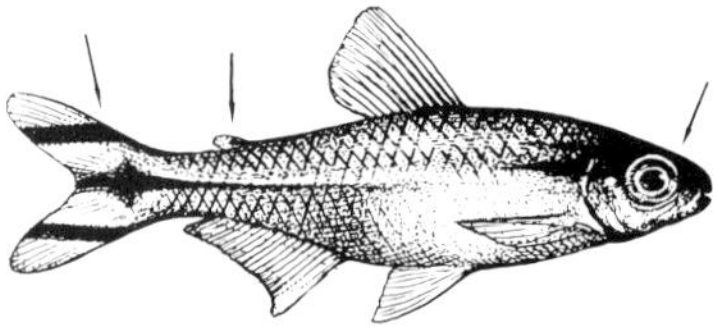

Rotmaulsalmler

Hemigrammus rhodostomus, Rotmaulsalmler
Familie: Characidae (Echte Salmler)
Heimat: Amazonasstromgebiet
Größe: 6 bis 7 Zentimeter
Haltung: Anspruchsvoller, aber dekorativer Schwarmfisch. Weiches, leicht saures Wasser auch zur Haltung! Temperaturen um 24—26° C. Schwimmraum und Pflanzenbestände erforderlich. Allesfresser, sollte viel Lebendfutter bekommen. Bei unsachgemäßer Pflege sehr anfällig.
Zucht: Schwierig. Die Tiere unternehmen angeblich Laichwanderungen, daher Schwarmansatz dem Einzelansatz vorzuziehen. Eierzahl meist gering, kann aber auf 100 bis 300 steigen. Freilaicher. Aufzucht der Jungfische ohne Besonderheiten.
Besonderes: Maulspitze rot, Rotfärbung kann sich über den Unterkiefer und die Augen bis zu den Kiemendeckeln hinziehen. Fettflosse. Männchen wirkt schlanker als das Weibchen und ist in der Farbe intensiver. Die Geschlechter sind manchmal schwer zu unterscheiden. Bei manchen Männchen kann die Rotfärbung vom Kopf bis zum Rücken reichen.

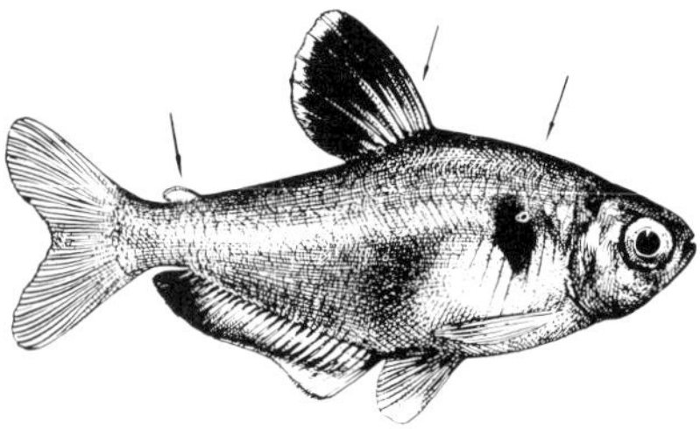

Blutsalmler

Hyphessobrycon callistus callistus, Blutsalmler, Serpasalmler
Familie: Characidae (Echte Salmler)
Heimat: Südamerika (Amazonasstromgebiet)
Größe: bis zu 6 Zentimeter
Haltung: Ruhiger und friedlicher Schwarmfisch, schwimmt wenig, hält sich meistens zwischen Pflanzen auf. Wärmeliebend: Temperaturen um 24—27° C. Allesfresser, zieht aber Lebendfutter vor. Weiches, leicht saures Wasser günstig.
Zucht: „Problemfisch“. Weiches, durch Torffilterung schwach angesäuertes Wasser. Lebendfutter zum Laichansatz unbedingt nötig. Freilaicher.
Besonderes: Blutrote Färbung, tropfenförmiger Schulterfleck. Fettflosse. Es gibt viele Unterarten von *H. callistus*, die sich am mehr oder weniger hervortretenden Schulterfleck und in der Farbtönung unterscheiden. Die Unterscheidung dieser Unterarten oder Rassen ist oft sehr schwierig und unsicher.

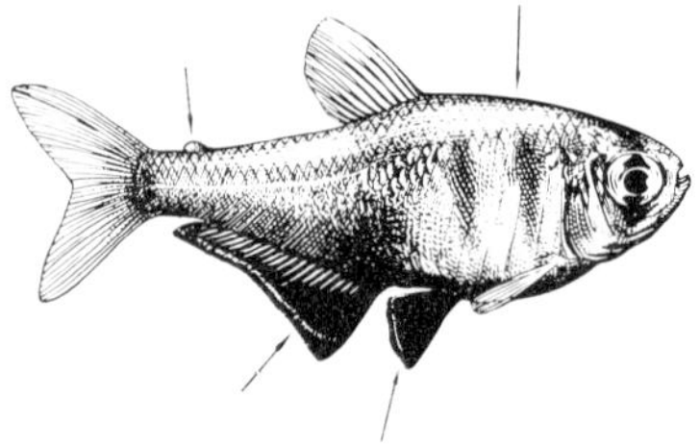

Roter von Rio

Hyphessobrycon flammeus, Roter von Rio
Familie: Characidae (Echte Salmler)
Heimat: Südamerika (Brasilien, Gegend von Rio de Janeiro)
Größe: 4 bis 4,5 Zentimeter
Haltung: Friedlicher und anspruchsloser Schwarmfisch, auch bei Temperaturen um 20° C noch gut haltbar. Günstiger sind 22—23° C. Allesfresser. Freier Schwimmraum und dichtes Pflanzenwerk. Etwas zänkisch, daher Versteckmöglichkeiten in dichten Pflanzenbeständen schaffen.
Zucht: Sehr einfach. Freilaicher. Zuchttemperatur 23—25° C. Zuchtansatz zwei Weibchen auf ein Männchen oder „Schwarmansatz“. Laichräuber, daher Laichrost einsetzen. Dieser Salmler stellt selbst zur Zucht keine besonderen Ansprüche an die Wasserbeschaffenheit. Allerdings sind auch bei ihm die Erfolge zuverlässiger und größer, wenn das Wasser nicht zu hart ist.
Besonderes: Ähnelt sehr der Art *Hyphessobrycon griemi*. Zwei Schulterstreifen, Bauch und Afterflossen rot mit schwarzem Saum. Männchen etwas kleiner, schlanker und farbiger als Weibchen.

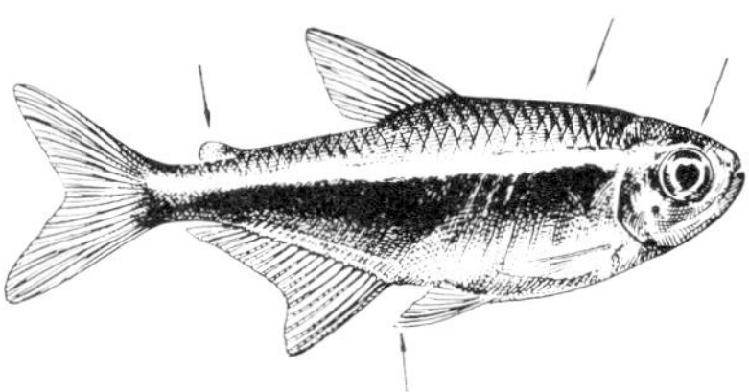

Schwarzer Neonsalmler

Hyphessobrycon herbertaxelrodi, Schwarzer Neonsalmler oder Flaggensalmler
Familie: Characidae (Echte Salmler)
Heimat: Südamerika (Brasilien, Matogrosso)
Größe: 4,5 bis 5 Zentimeter
Haltung: Unempfindlicher Schwarmfisch, liebt weiches, schwach saures Wasser. Zur Haltung genügt auch härteres Wasser. Schwimmt häufig in den oberen Wasserschichten. Allesfresser. Soll gezüchtet werden, so ist kräftiges Lebendfutter vorzuziehen. Die Weibchen danken gute und abwechslungsreiche Fütterung mit enormer Produktivität: Bis zu 650 Jungfische sind keine Seltenheit.
Zucht: Wasserhärte nicht mehr als 5° dH, weiches Wasser ist günstiger. Zur Zucht angesetzte Weibchen sollten nicht jünger als ein Jahr sein.
Besonderes: Obere Iris rot, dünnes Leuchtband von den Kiemen bis zur Schwanzwurzel, breites, schwarzes Band vom Kopf bis zum Schwanz, im mittleren Teil schmäler. Fettflosse. Die Männchen bleiben etwas kleiner und schlanker als die Weibchen. Verwechslungsgefahr mit *H. vilmae* und *H. loretoensis!*

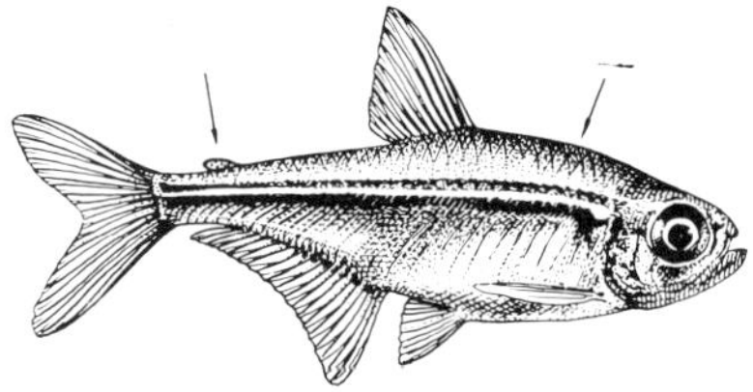

Dreibandsalmler

Hyphessobrycon heterorhabdus, Dreibandsalmler
Familie: Characidae (Echte Salmler)
Heimat: Südamerika (unteres Amazonasstromgebiet)
Größe: 4 bis 5 Zentimeter
Haltung: Tiere wirken besonders gut bei dunklem Untergrund und Hintergrund. Der Fisch zeigt seine Schönheit erst in weichem, leicht saurem Wasser. Tiere, die in hartem Wasser gepflegt worden sind, sind zur Zucht unbrauchbar. Temperaturen um 22—25° C. Pflanzen und Schwimmraum zu etwa gleichen Teilen im Aquarium schaffen. Gedämpftes Licht.
Zucht: Gilt bei Züchtern teils als „schwierig", teils als problemlos. Zuchttemperatur um 25° C. Ganz weiches Wasser unbedingt erforderlich. Weibchen, die garantiert Laichansatz zeigen, zur Zucht verwenden.
Besonderes: Drei auffallende Bänder, rote obere rote Iris. Fettflosse. Die Männchen sind etwas schlanker als die Weibchen. Der Dreibandsalmler wird gelegentlich mit *Hemigrammus ulreyi* verwechselt.

Schmucksalmler

Hyphessobrycon ornatus, Schmucksalmler, Rosensalmler (fälschlich oft als *Hyphessobrycon rosaceus* bezeichnet)
Familie: Characidae (Echte Salmler)
Heimat: Südamerika (Niederländisch Guayana, Amazonas)
Größe: etwa 5 bis 6 Zentimeter
Haltung: Der elegante, auffallend ruhige Schwarmfisch stellt nur geringe Ansprüche. Temperaturen 23—26° C (auch zur Zucht). Weiches, leicht saures Wasser ist auch zur Haltung empfehlenswert, zur Zucht Grundbedingung. Allesfresser; Zuchttiere sollten mit kräftigem Lebendfutter ernährt werden. Schwimmraum und Pflanzen zu gleichen Teilen.
Zucht: „Problemfisch". Stellt hohe Ansprüche an Wasserbeschaffenheit. Quellwasser von 1—2° dH ist günstig, je härter das Wasser wird, umso geringer sind die Zuchterfolge. Die Tiere führen sehr schöne Balzspiele aus. Zuchtansatz: Zwei Männchen und ein Weibchen. Freilaicher.
Besonderes: Männchen mit fahnenartiger Rückenflosse, Rückenflosse des Weibchens sowie Bauch- und Afterflossenspitzen beider Geschlechter auffallend weiß. Fettflosse. Weibchen etwas kleiner als die Männchen. Männchen zeigen schönere Farben.

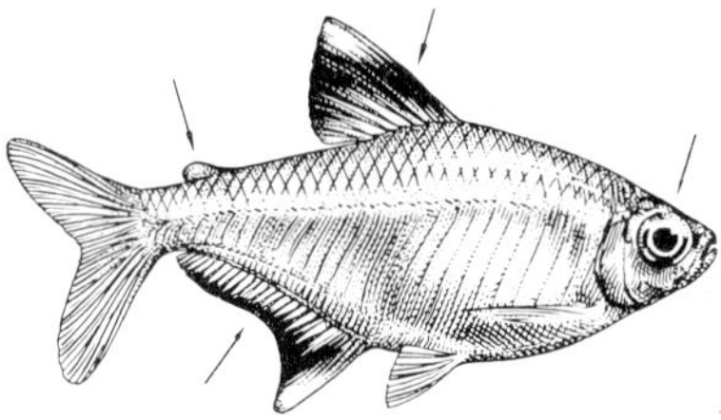

Zitronensalmler

Hyphessobrycon pulchripinnis, Zitronensalmler, Schönflossensalmler
Familie: Characidae (Echte Salmler)
Heimat: Südamerika (Amazonasstromgebiet)
Größe: um 5 Zentimeter
Haltung: Eine ruhige Art. Wassertemperatur um 23—25° C (auch zur Zucht). Tiere halten sich gerne in Bodennähe auf, schätzen Schwimmraum und Versteckplätze. Allesfresser. Zur Zucht vorgesehene Tiere mit Lebendfutter versorgen.
Zucht: Nicht einfach. Weiches, leicht saures Wasser. Laichräuber. Aufzucht der Jungfische schwierig (keine Pantoffeltierchen füttern, sondern frisch geschlüpfte Artemia-Nauplien). Weibchen in der Partnerwahl anspruchsvoll und wählerisch.
Besonderes: Fischleib durchsichtig mit gelber Tönung, schwarzer Saum um Rücken- und Afterflosse. Auf dem ersten Strahl der Afterflosse etwas Gelb. Obere Iris leuchtend rot. Männchen etwas kleiner als die Weibchen, mit ausgeprägtem Afterflossensaum. Männchen allgemein schöner gefärbt.

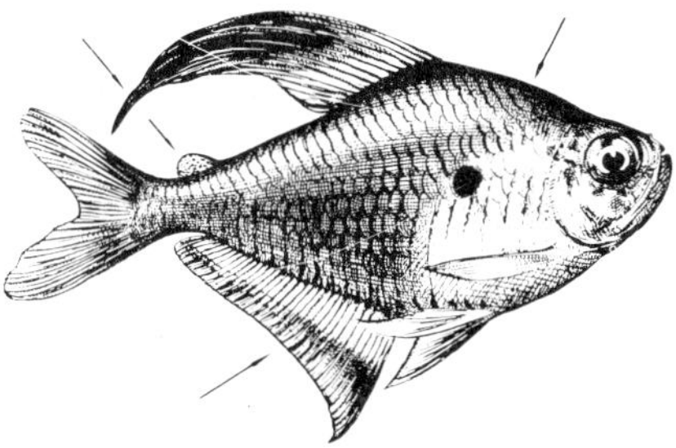

Kirschflecksalmler

Hyphessobrycon rubrostigma (neuerdings *Hyphessobrycon erythrostigma*), Kirschflecksalmler, Blutströpfchen, „Blutendes Herz"
Familie: Characidae (Echte Salmler)
Größe: etwa 7 bis 8 Zentimeter
Haltung: Sehr friedlicher, ruhiger Schwarmfisch. Wassertemperaturen um 23—26° C. Anspruchslos in der Pflege, doch zeigen die Tiere in weichem und schwach saurem Wasser schönere Farben und fühlen sich offensichtlich wohler. Allesfresser; zur Zucht vorgesehene Tiere sollten unbedingt kräftiges Lebendfutter erhalten.
Zucht: Gilt als schwierig. Der Kirschflecksalmler ist ein Problemfisch. Die Erfolge sind umso günstiger, je weicher das Wasser ist. Wichtig ist, daß die Weibchen einen guten Laichansatz zeigen. Nicht alle Weibchen stoßen bei der Paarung den Laich ab. Zuchtansatz: Zwei Männchen und ein Weibchen. Freilaicher mit wunderbarer Balz.
Besonderes: Ein leuchtend roter, kirschähnlicher Fleck in der Körpermitte. Das Männchen trägt eine fahnenartige, bis zur Schwanzflosse reichende Rückenflosse. Fettflosse. Die Männchen sind etwas größer als die Weibchen und farblich schöner.

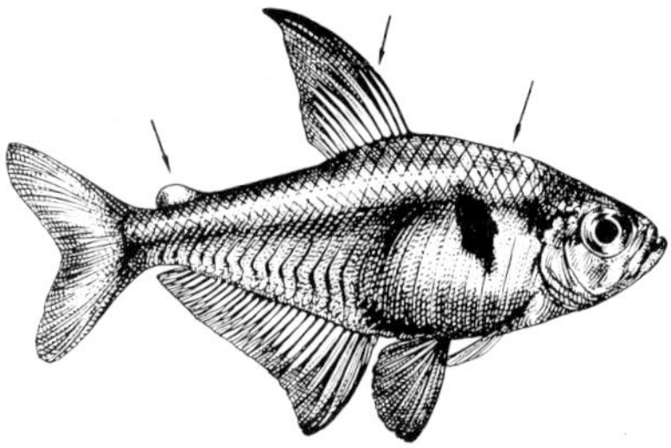

Roter Phantomsalmler

Megalamphodus sweglesi, Roter Phantomsalmler oder Sweglessalmler
Familie: Characidae (Echte Salmler)
Heimat: Südamerika
Größe: 4 Zentimeter
Haltung: Friedlicher, meist ruhiger Schwarmfisch, der sich gerne in Bodennähe aufhält. Männchen imponieren häufig untereinander.
Einer der schönsten Zierfische, der bei richtiger Pflege glühend rote Färbung annimmt. Voraussetzung zum Wohlbefinden sind weiches Wasser, das über Torf leicht angesäuert wird. Temperaturen 23—25° C. Die Art ist nicht so unempfindlich wie oft angegeben wird. Allesfresser. Für Zuchttiere Lebendfutter.
Zucht: Am günstigsten bei 24—26° C. Voraussetzung ist sehr weiches Wasser. Zum Laichansatz kleine Insekten reichen. Nicht sehr produktiv. Freilaicher.
Besonderes: Glühend rote Färbung bei guter Pflege, nicht purpurviolett wie bei Schmuck- oder Kirschflecksalmler, sondern mehr dunkelorange. Tropfenförmiger Schulterfleck. Fettflosse. Männchen schlanker als die Weibchen, zeichnen sich durch verlängerte Rücken- und Afterflossenspitzen aus. Weibchen mit weißer Rückenflossenspitze mit schwarzem Fleck darin.

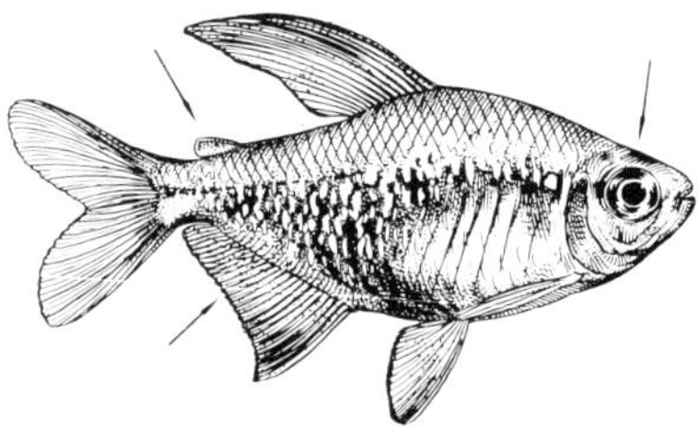

Brillantsalmler

Moenkhausia pittieri, Brillantsalmler
Familie: Characidae (Echte Salmler)
Heimat: Südamerika (Venezuela)
Größe: etwa 5 Zentimeter
Haltung: Der friedliche und schöne Schwarmfisch stellt an die Wasserbeschaffenheit keine besonderen Ansprüche (zur Zucht ist weiches Wasser erforderlich). Temperaturen 22—27° C, die Fische sind bei hohen Temperaturen schöner. Allesfresser.
Zucht: Je nach Wasserzusammensetzung leicht oder schwierig. Weiches Wasser ist Voraussetzung. Freilaicher. Weibchen sollten vor dem Laichansatz mit Lebendfutter versorgt werden. Sehr produktive Art, stürmisches Laichgebaren. Aufzucht der Jungfische problemlos, da sie vom ersten Tage an Artemia-Nauplien nehmen.
Besonderes: Schuppen blitzen im auffallenden Licht wie Brillanten. Obere Iris rot, Flossen aschgrau. Keine Fettflosse. Ausgewachsene Männchen besonders prächtig.

Rotaugenmoenkhausia

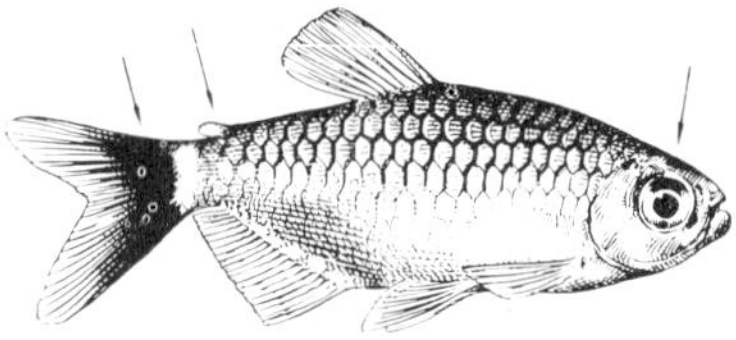

Moenkhausia sanctae-filomenae, Rotaugenmoenkhausia
Familie: Characidae (Echte Salmler)
Heimat: Südamerika (Rio Paraguay und Rio Paranahyba)
Größe: etwa 7 bis 8 Zentimeter
Haltung: Anspruchsloser und friedlicher Schwarmfisch. Ideal geeignet für das Gesellschaftsbecken. Temperatur um 22—24° C, auch zur Zucht. Allesfresser, Zuchttiere sollten Lebendfutter bekommen. Unbedingt notwendig sind sowohl freier Schwimmraum als auch Wasserpflanzen.
Zucht: Keine besonderen Ansprüche an die Wasserqualität, doch ist ein weiches, leicht saures Wasser zweifellos günstig. Freilaicher. Jungfische etwas empfindlicher als die des Brillantsalmlers, Aufzucht bietet keine Besonderheiten.
Besonderes: Schuppenkleid mit auffallendem Netzmuster. Die obere Iris ist leuchtend rot, auf der Schwanzflossenbasis liegt eine kurze, schwarze Querbinde, die vor dem Schwanz mit einer hellen, gelblichen Zone versehen ist. Erste Strahlen der Bauch- und Afterflossen weiß. Männchen sind etwas kleiner als die Weibchen.

Kaisersalmler

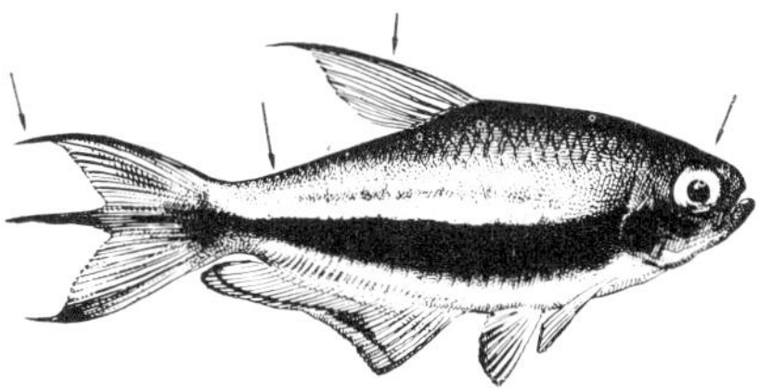

Nematobrycon palmeri, Kaisersalmler oder Kaisertetra
Familie: Characidae (Echte Salmler)
Heimat: Südamerika (Kolumbien)
Größe: etwa 6 Zentimeter
Haltung: Der sehr schöne Schwarmfisch steht meist mit geneigtem Kopf zwischen Wasserpflanzen, obwohl er sehr gut schwimmen kann. Weiches, leicht saures Wasser ist auch dieser Art sehr bekömmlich. Temperaturen zwischen 24—26° C. Allesfresser. Schwimmraum und Pflanzenbestände sind gleichermaßen wichtig, zumal sich manche Männchen zu Tyrannen entwickeln und Reviere gründen.
Zucht: Nicht ganz einfach. Bei passender Wasserzusammensetzung erbringt die an sich nicht sehr produktive Art 50 bis 100 Jungfische. Wichtig ist gute Ernährung vor der Zucht und weiches Wasser. Fische sind zum Teil Laichräuber. Freilaicher.
Besonderes: Verlängerte Flossenspitzen, leuchtend blau-grünes Auge, dunkles Längsband vom Unterkiefer bis zur Schwanzwurzel. Keine Fettflosse. Weibchen bleiben stets kleiner als die Männchen. Flossenränder der Männchen sind fadenartig verlängert und ihre Schwanzflosse zeigt in der Mitte einen schwarzen Zipfel.

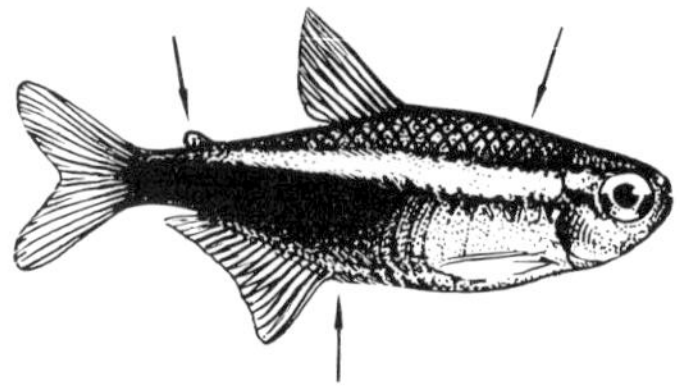

Paracheirodon innesi (früher *Hyphessobrycon innesi*), Neonsalmler oder Kolibrifisch
Familie: Characidae (Echte Salmler)
Heimat: Kühlere Waldbäche der Amazonas-Zuflüsse, Peru, Rio Ucavali in Peru.
Größe: um 4 Zentimeter
Haltung: Der Fisch wird meist zu warm gehalten. Er stammt aus verhältnismäßig kühlen Gewässern und benötigt nicht mehr als 20—22° C (auch für die Zucht). Friedlicher Schwarmfisch. Dunkler Bodengrund erhöht die Farbwirkung, ebenso weiches, leicht saures Wasser. Zum Wohlbefinden ist ein ausgeglichenes Verhältnis von Schwimmraum und Pflanzenbeständen erforderlich. Allesfresser; Zuchttiere sollten mit Lebendfutter ernährt werden.
Zucht: Galt früher als Problemfisch, wird heute von manchen Züchtern ohne Schwierigkeiten nachgezogen. Wasserhärte 3—5° dH, Temperatur 22, höchstens 23° C. Wasser soll leicht angesäuert werden (pH-Wert 6—5,5). Zuchtansatz am besten mit jungen, gerade geschlechtsreif gewordenen Tieren, die schon im Gesellschaftsbecken durch „Treiben" aufgefallen sind. Laich ist lichtempfindlich.
Besonderes: Leuchtband, hintere Körperseite rot, Fettflosse.

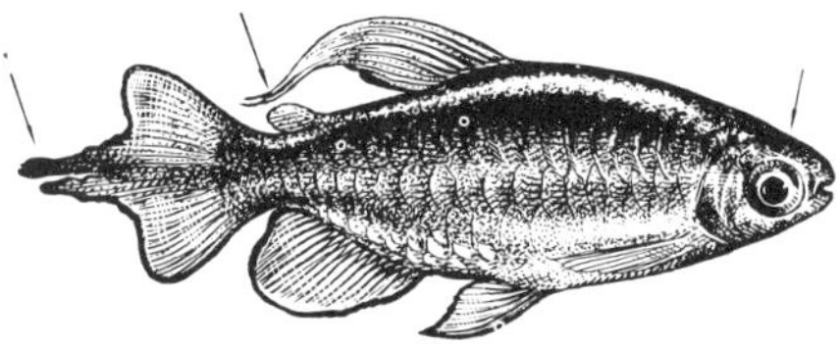

Phenacogrammus interruptus (neuerdings: *Micralestes interruptus*) Kongosalmler
Familie: Characidae (Echte Salmler)
Heimat: Afrika (Kongobecken)
Größe: etwa 12 Zentimeter, Weibchen nur 8 Zentimeter
Haltung: Friedlicher Schwarmfisch, der mit größeren Salmlern und anderen Fischen gemeinsam gepflegt werden kann. Manchmal scheu, daher Versteckmöglichkeiten unter großblättrigen Wasserpflanzen bieten. Temperaturen 25—26° C (auch zur Zucht). Allesfresser mit besonderer Vorliebe für Insekten: Ameiseneier, Mücken- und Fliegenlarven, gehackte Mehlwürmer, Tag- und Nachtfalter usw.
Zucht: „Problemfisch". Voraussetzung weiches, leicht angesäuertes Wasser (Torffilterung). Afrikanische Gewässer haben meist höheren Mineralgehalt als südamerikanische; daher sollte enthärtetes Wasser oder Regenwasser etwas aufgesalzt werden. Zum Laichansatz mit Anflugnahrung füttern. Freilaicher. Aufzucht der Jungfische problemlos.
Besonderes: Große Augen, „Raubfischmaul" mit manchmal sichtbaren Zähnen, weiße Flossenumrandung, fahnenartig verlängerte Flossenteile. Seitenlinie bei den Männchen regenbogenartig schillernd, Flossenteile stärker verlängert als bei den Weibchen.

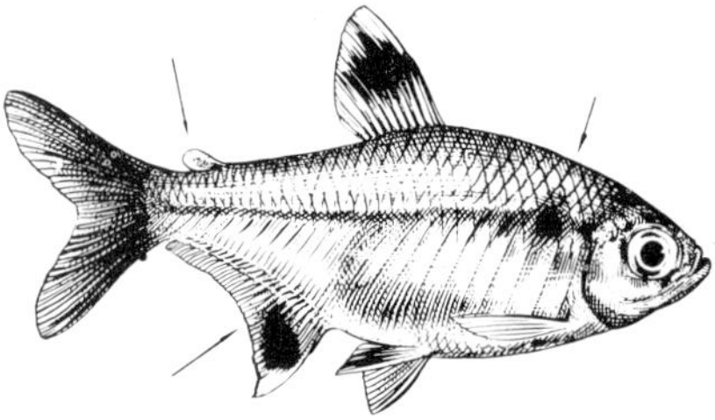

Sternflecksalmler

Pristella riddlei, Sternflecksalmler oder Wasserstieglitz
Familie: Characidae (Echte Salmler)
Heimat: Nördliches Südamerika (Guayana, Venezuela)
Größe: bis zu 5,5 Zentimeter
Haltung: Friedlicher, sehr ansprechender Schwarmfisch, der sich gut zur Vergesellschaftung eignet und keine Ansprüche an das Wasser stellt. Sehr widerstandsfähig. Temperaturen um 22—24° C (auch für die Zucht ausreichend). Allesfresser, für Lebendfutter dankbar. Diese Art liebt helles Licht!
Zucht: Nicht schwierig. Weiches, leicht angesäuertes Wasser ist günstiger als härteres. Die Art ist sehr produktiv. Zuchttemperatur um 26° C. Große Zuchtaquarien wegen der großen Nachkommenzahl erforderlich. Jungfische sehr klein, daher bereitet die Aufzucht manchmal Schwierigkeiten. Freilaicher.
Besonderes: Rote Schwanzflosse, silbriger Körper, Schulterfleck mehr oder minder angedeutet. Flossen mit schwarzer und gelber Zeichnung. Fettflosse. Männchen bleiben stets etwas kleiner als die Weibchen. Weibchen oft mit auffallend kräftigem Bauch.

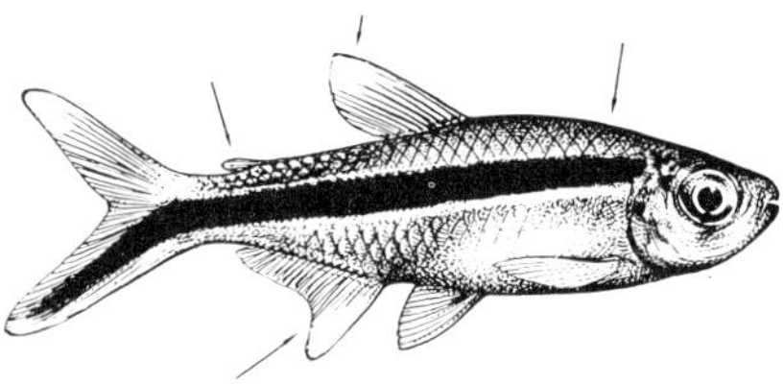

Schrägschwimmer

Thayeria boehlkei, Schrägschwimmer oder Schwarzstreifensalmler
Familie: Characidae (Echte Salmler)
Heimat: Amazonasstromgebiet
Größe: etwa 7 bis 8 Zentimeter
Haltung: Friedlicher, teils ruhiger, teils schnellschwimmender Salmler. Der Schwarmfisch fällt durch eine besondere Schräglage auf, die der der Gattung *Nannobrycon* (Schrägsteher) ähnelt. Temperaturen um 23—25° C. Keine besonderen Ansprüche an die Wasserbeschaffenheit; wie für viele Südamerikaner ist weiches, leicht saures Wasser vorteilhaft. Allesfresser. Zuchttiere sollten mit lebendem Futter versorgt werden. Pflanzen und Schwimmraum sollen in ausgeglichenem Verhältnis stehen.
Zucht: Im allgemeinen nicht schwierig. Temperatur um 2° C erhöhen. Weiches Wasser. Sehr produktive Art, besonders ältere Weibchen können bis zu 3 000 Eier abstoßen, von denen allerdings viele unbefruchtet sind. Dämmerungslaicher.
Besonderes: Schräglage, Längsstreifen von den Kiemendeckeln bis zum unteren Schwanzflossenlappen. Fettflosse. Weibchen kräftiger gebaut als die schlankeren und in der Färbung intensiveren Männchen.

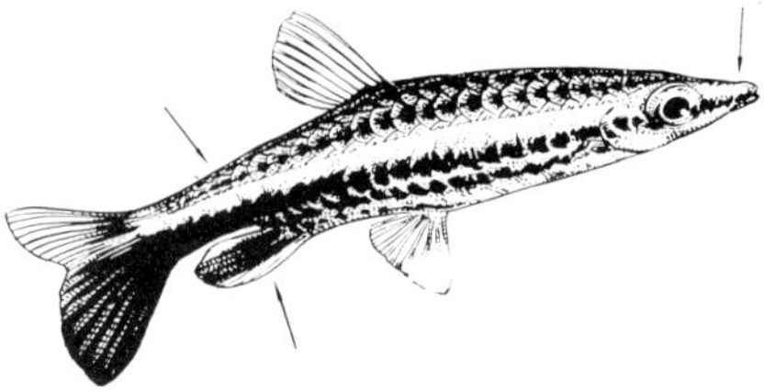

Schrägsteher

Nannobrycon eques eques, Schrägsteher
Familie: Hemiodontidae (Halbzähner)
Heimat: Amazonasgebiet und Guayana
Größe: etwa 5 Zentimeter
Haltung: Sehr ruhiger und friedlicher Schwarmfisch, der Gesellschaft seinesgleichen oder artverwandter Fische liebt. Grelles Licht ist ihm unangenehm. Weiches, leicht angesäuertes Wasser ist günstig zur Haltung und Voraussetzung zur Zucht. Temperaturen um 22—26° C. Allesfresser. Nicht fürs Gesellschaftsbecken geeignet!
Zucht: „Problemfisch". Erforderlich sind sehr weiches Wasser und reichlich Insektennahrung für den Laichansatz. Paare sollten gut harmonieren. Die Eltern sind oft Laichräuber. Eier werden gerne an breiten Blättern abgelegt, haben jedoch unterschiedliches Haftvermögen und fallen gegebenenfalls zu Boden. Zuchttemperaturen 26—27° C. Jungfische können sofort nach dem Freischwimmen mit Artemia-Nauplien gefüttert werden. Aufzucht einfach.
Besonderes: Schräge, nach oben gerichtete Körperhaltung. Dunkler Rücken, helles Längsband, darunter dunkles Längsband. Kleine Fettflosse, die auch fehlen kann. Die Männchen schlanker als die Weibchen mit leuchtend roter Afterflosse.

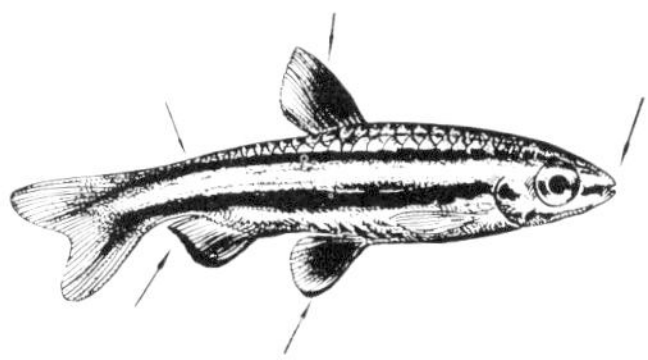

Ziersalmler

Nannostomus marginatus marginatus, Ziersalmler
Familie: Hemiodontidae (Halbzähner)
Heimat: Amazonasgebiet und Guayana
Größe: etwa 3 Zentimeter
Haltung: Friedlicher Schwarmfisch, der nur geringe Ansprüche stellt. Liebt dunklen Bodengrund, feinfiedrige Pflanzen, weiches, leicht saures Wasser. Temperaturen um 22—25° C. Allesfresser, Zuchttiere sollten kleines Lebendfutter erhalten. Nicht fürs Gesellschaftsbecken geeignet!
Zucht: Nicht einfach. Voraussetzung geeignetes Wasser und Harmonieren der Paare. Weibchen müssen Laichansatz zeigen. Tiere paarweise in kleinen Zuchtbehältern ansetzen. Feines Laichsubstrat (Perlonwatte). Die Art ist nicht produktiv: 30 bis 40 Eier werden durchschnittlich abgegeben. Elterntiere oft Laichräuber. Aufzucht der Jungfische einfach.
Besonderes: Zwei dunkle Längsstreifen mit dazwischen gelegener, golden leuchtender Längsbinde, rote Flossen. Keine Fettflosse. Männchen etwas schlanker als die Weibchen, Flossen der Männchen intensiver rot.

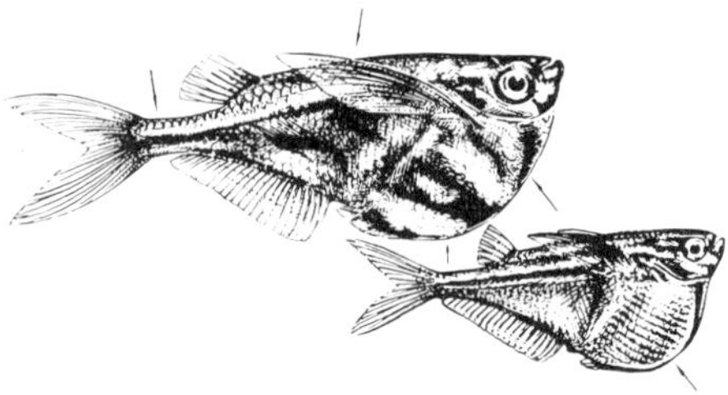

Gestreifter Beilbauch

Carnegiella strigata vesca, Gestreifter Beilbauch (oben) und
Carnegiella marthae, Zwergbeilbauch (unten)
Familie: Gasteropelecidae (Beilbauchfische)
Heimat: Südamerika (Amazonasgebiet)
Größe: *C. strigata* 4,5 Zentimeter, *C. marthae* 3 bis 3,5 Zentimeter
Haltung: *Carnegiella*-Arten brauchen gedämpftes Licht, ruhige Mitinsassen und viel Wärme. Temperaturen zwischen 24 und 30° C. Oberflächenbepflanzung mit viel freiem Schwimmraum. Allesfresser, lieben besonders Anflugnahrung in Form kleiner Insekten. Wird mit lebenden Insekten gefüttert, besteht Aussicht auf Nachzucht.
Zucht: Bisher nur zufällig gelungen. Laichansatz vor allem vom Futter abhängig: Größter Anteil des Futters sollte aus kleinen Insekten bestehen. Wasserflöhe abtrocknen lassen, damit sie nicht untersinken und von der Oberfläche geschnappt werden können. Weiches, leicht angesäuertes Wasser. Freilaicher.
Besonderes: Unregelmäßige Bänder und Flecken bei *C. strigata vesca*. *C. marthae* silberglänzend mit gleichmäßigen Punkten und schwarzer Bauchkante sowie schwarzen Brustflossen. Keine Fettflosse.

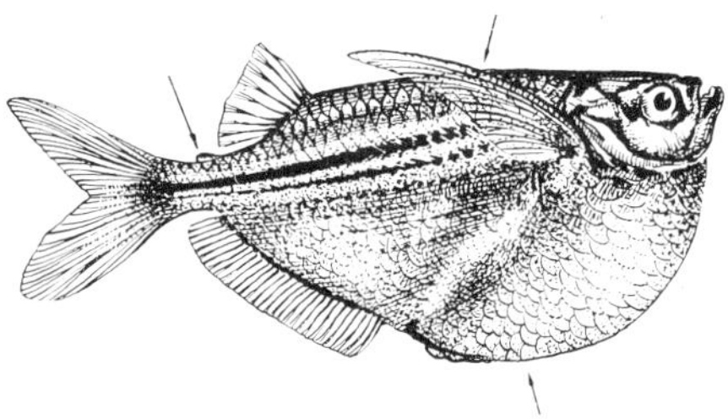

Beilbauchsalmler

Gasteropelecus sternicla, Beilbauchsalmler
Familie: Gasteropelecidae (Beilbauchfische)
Heimat: Südamerika (Amazonasgebiet)
Größe: etwa 6 bis 7 Zentimeter
Haltung: Unempfindlicher, gut haltbarer Oberflächenfisch; besonders für Paludarien (Sumpfaquarien) geeignet. Die Tiere unternehmen gelegentlich Gleitflüge, daher Aquarium gut abdecken. Temperatur um 24—30° C. Allesfresser. Zum Laichansatz kräftiges Lebendfutter erforderlich (kleine Fliegen, Mückenlarven).
Zucht: Sehr schwierig; bisher sind nur Zufallserfolge bekanntgeworden. Weiches, leicht saures Wasser verspricht wohl die besseren Erfolge. Freilaicher.
Besonderes: Bauchkiel, große Brustflossen, silbriges, in verschiedenen Farben schillerndes Schuppenkleid. Von den Schultern bis zum Schwanz eine Längsbinde, die von etwas helleren Zonen eingefaßt ist. Fettflosse.

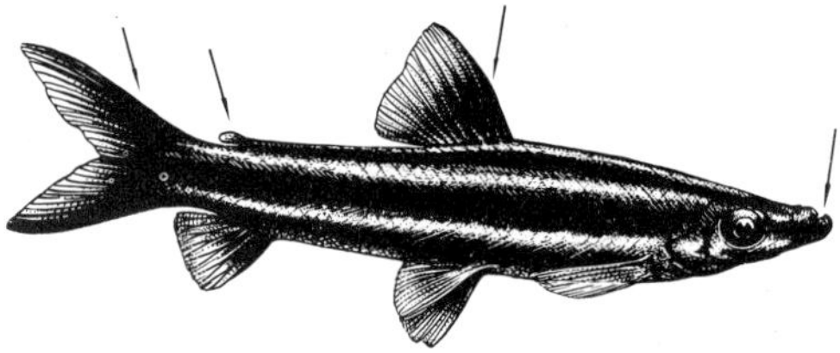

Prachtkopfsteher

Anostomus anostomus, Prachtkopfsteher
Familie: Anostomidae (Kopfsteher)
Heimat: Südamerika (Amazonasgebiet)
Größe: etwa 15 Zentimeter
Haltung: Die Fische sind teils friedlich, manche Individuen aber auch ruppig. Pflegen mit dem Kopf nach unten im Wasser zu stehen. Kopfsteher brauchen geräumige Aquarien mit vielen Versteckmöglichkeiten. Auf jeden Fall mehr als zwei oder drei Exemplare pflegen, dann fallen die Auseinandersetzungen nicht so heftig aus. Keine besonderen Ansprüche an das Wasser. Allesfresser.
Zucht: „Problemfisch". Unternimmt in der Natur wahrscheinlich Laichwanderungen. Zucht soll in Gefangenschaft schon mehrfach geglückt sein.
Besonderes: Nach unten geneigte Körperhaltung, oberständiges Maul mit Riechgrubenanhängen. Dunkle Längsbinden auf lehmgelben Grund, kräftig rote Flossen. Fettflosse.

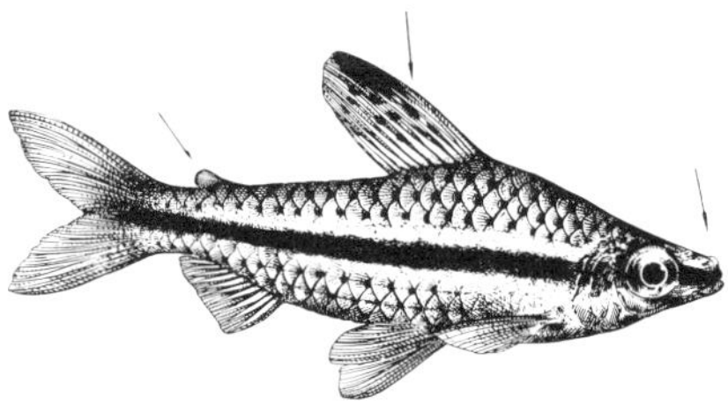

Punktierter Kopfsteher

Chilodus punctatus, Punktierter Kopfsteher
Familie: Anostomidae (Kopfsteher)
Heimat: Südamerika
Größe: etwa 7 Zentimeter
Haltung: Friedlicher und anspruchsloser Fisch; frißt gerne Algen, gelegentlich auch Wasserpflanzen. Der Punktierte Kopfsteher braucht viel Platz, kann aber auch in kleineren Behältern gepflegt werden. Wassertemperaturen um 22—27° C. Aquarium sollte gut und dicht bepflanzt sein. Allesfresser.
Zucht: Gilt als schwierig, ist aber zuweilen schon gelungen. Die Fische laichen nach heftigem Treiben in der Nähe der Wasseroberfläche ab. „Härtere" Pflanzen als Laichsubstrat wählen. Freilaicher. Jungfische nehmen nach dem Freischwimmen sofort Artemia-Nauplien an. Wasserbeschaffenheit nicht ausschlaggebend, doch sollte das Wasser nicht zu hart sein. Junge *Chilodus punctatus* vertragen Umsetzen in Wasser anderer Zusammensetzung sehr schlecht.
Besonderes: Nach unten geneigte Körperhaltung, zeitweilig erscheinende Längsbinde, schwach rötliche Augen. Schuppenbasis immer dunkel. Fettflosse. Rückenflossen der Männchen etwas höher als die der Weibchen.

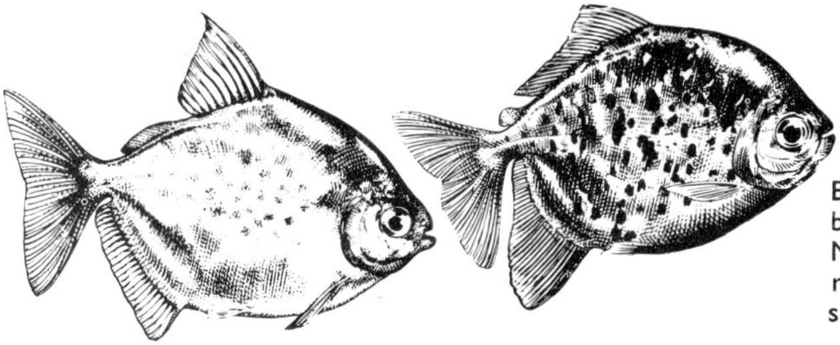

Bild 24: Zwei Scheibensalmler. Links: Metynnis roosevelti; rechts: Myloplus schultzei

Die Unterfamilie der Scheibensalmler oder Mühlsteinsalmler (Myleinae, Familie Characidae)

Die Scheibensalmler oder Mühlsteinsalmler sind den Sägesalmlern sehr nahe verwandt. Ihre Gestalt ist fast kreisrund und seitlich stark zusammengedrückt. Sie ernähren sich überwiegend von Wasserpflanzen und Algen. Diese Eigenschaft, bei Aquarianern unbeliebt, steht ihrer Verbreitung in unseren Becken sehr im Wege, und das ist schade, denn die Tiere sind sehr dekorativ.

Die Bauchkante der Scheibensalmler ist mit spitzen Kielschuppen besetzt, und außerdem tragen sie eine auffallend große Fettflosse. Im Freien werden Scheibensalmler nicht selten 20 bis 30 Zentimeter groß. In der Gefangenschaft dagegen stellen die anfangs raschwüchsigen Jungtiere häufig ihr Wachstum ein. Weshalb, ist noch nicht restlos geklärt, aber wir gehen kaum fehl, wenn wir die Ursache in der Ernährung suchen. Offenbar fehlt den Tieren im Aquarium eine ganz bestimmte, für gesundes Wachstum ausschlaggebende pflanzliche Nahrung.

Scheibensalmler können ein bepflanztes Becken buchstäblich kahlfressen, und daher sollten wir sie nur in großen Behältern mit viel Schwimmraum, die ausschließlich mit Wurzeln und Steinen dekoriert sind, pflegen. Sie brauchen aber unbedingt Pflanzennahrung, und daher müssen wir ihnen Wasserpflanzen und Salat füttern. Am besten pflegen wir immer kleine Trupps in Gesellschaft größerer Fische, da sie sonst zu scheu werden.

Scheibensalmler sind zwar gewandte Schwimmer, doch lieben sie es, ruhig unter Wurzeln oder anderen Versteckplätzen zu stehen.

Die Zucht dieser schönen Südamerikaner ist schwierig und wohl nur durch Zufall da und dort geglückt. Wahrscheinlich wandern in der Natur einige Arten zum Laichen in Überschwemmungsgebiete, die wir ihnen im Aquarium natürlich nur schwer bieten können. Sie zählen zu den Freilaichern. Balz- und Imponierkämpfe fallen sehr heftig aus.

Die Ansprüche an die Wasserbeschaffenheit und die Temperatur sind bescheiden, aber doch bei jeder Art ein wenig verschieden.

Wichtige Arten der Scheibensalmler:

Metynnis roosevelti (Roosevelts Scheibensalmler); *Myloplus schultzei* (Blutflecken-Scheibensalmler); *Metynnis schreitmülleri* (Schreitmüllers Scheibensalmler); *Mylosoma duriventris* (Mühlsteinsalmler); *Metynnis maculatus* (Gefleckter Scheibensalmler); *Myloplus schomburgki; Piaractus nigripinnis* (Schwarzflossiger Scheibensalmler oder Pacu); *Catoprion mento* (Wimpelpiranha).

Bild 25 (Seite 65): Scheibensalmler. Mytennis schreitmülleri (oben); Mylosoma duriventris (unten).
Bild 26 (Seite 66): Scheibensalmler (von oben nach unten). Mytennis maculatus; Myloplus schomburgki; Piaractus nigripinnis; Catoprion mento.
Bild 27 (Seite 67): Arten der Unterfamilie Pyrrhulininae. 1 Copeina arnoldi; 2 Copeina callolepis; 3 Copeina guttata; 4 Pyrrhulina rachoviana; 5 Pyrrhulina vittata; 6 Pyrrhulina nattereri. Arten der Unterfamilie Glandulocaudinae: 7 Corynopoma riisei; 8 Pseudocorynopoma doriae; 9 Glandulocauda inequalis; 10 Microbrycon cochui.

Lithografien: Burkard Kahl

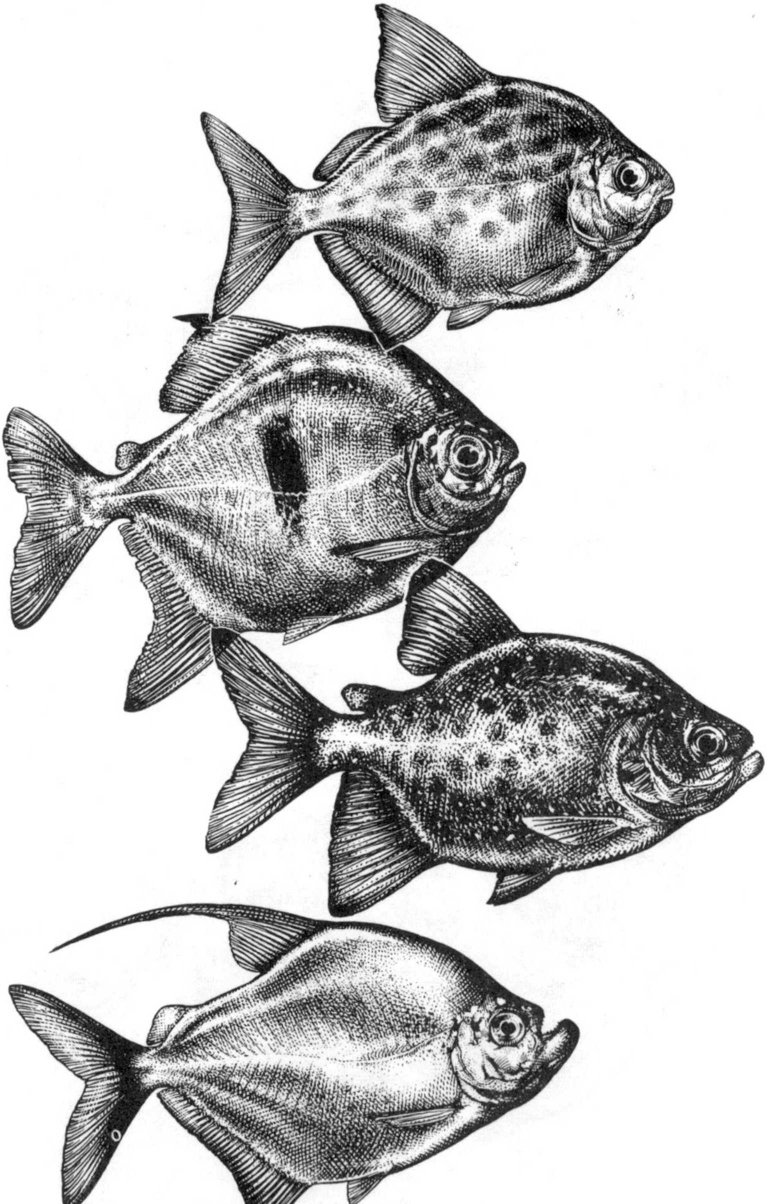

Lithografien: Burkard Kahl

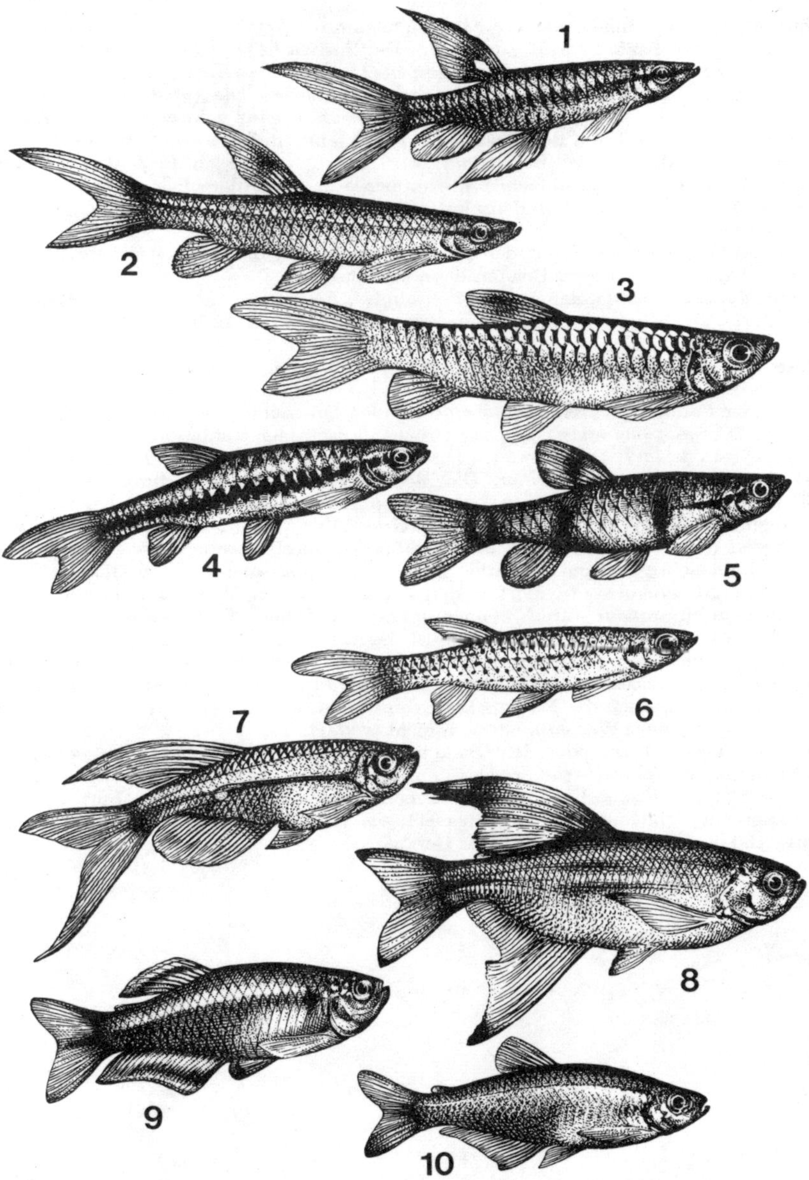

Lithografien: Burkard Kahl

Die Unterfamilie Pyrrhulininae (Familie Characidae)

Zu dieser Unterfamilie gehören die beiden bekannten Arten Spritzsalmler und Forellensalmler, die beide brutpflegende sind. Der Spritzsalmler *(Copeina arnoldi)* wird bis zu 8 Zentimeter lang, das Weibchen bleibt meist kleiner. Er ist ein friedlicher Allesfresser, der aber für Lebendfutter recht dankbar ist. Die Art stellt keine besonderen Ansprüche an das Wasser, doch ist weiches, ganz schwach saures Wasser vorteilhaft. Allen Arten der Gattung *Copeina* fehlt übrigens die Fettflosse.
Der Forellensalmler *(Copeina guttata)* wird bis zu 10 oder gar 15 Zentimeter lang und fällt durch seine großflächigen Schuppen auf. Auch hier bleiben die Weibchen etwas kleiner. Auch der Forellensalmler ist verhältnismäßig anspruchslos, friedlich, im Schwarm lebend.
Die Gattung *Pyrrhulina* hat der ganzen Unterfamilie den Namen gegeben. Ihren Arten fehlt die Fettflosse. Bekannte Aquarienfische:
Pyrrhulina rachoviana, der Augenstrichsalmler; *Pyrrhulina vittata*, der Kopfbindensalmler; *Pyrrhulina nattereri*, eine erst in jüngster Zeit eingeführte Art.

Die Unterfamilie Glandulocaudinae (Familie Characidae)

Zu dieser Familie gehören die beiden reizenden Drachenflosser: Der Zwergdrachenflosser *(Corynopoma riisei)* und der Drachenflosser oder Kehlkopfsalmler *(Pseudocorynopoma doriae)*. Der Zwergdrachenflosser wird nur etwa 7 Zentimeter lang, das Weibchen bleibt etwas kleiner. Die Männchen zeichnen sich durch verlängerte Flossenteile sowie durch einen löffelartigen Anhang am Kiemendeckel aus; bei Erregung erscheint der Anhang schwarz eingefaßt und wird abgespreizt, vor allem während der Balz. Es sind friedliche, lebhafte, allesfressende Schwarmfische, die sehr durchsichtig wirken und nur im Auflicht einen metallischen Glanz zeigen. Der Zwergdrachenflosser gehört zu den Vorratsbesamern, Weibchen, die schon mit Männchen zusammen waren, können später auch ohne Männchen ablaichen. Die Zucht ist leicht! Der Zwergdrachenflosser besitzt übrigens keine Fettflosse.
Der Drachenflosser *(Pseudocorynopoma doriae)* ist gleichfalls sehr hübsch, anspruchslos und friedlich. Im Gegensatz zum Zwergdrachenflosser besitzt er eine Fettflosse. Leider werden die Nachzuchten von Generation zu Generation ungeeigneter zur Fortpflanzung. Weshalb, ist noch nicht geklärt.
Der Quakende Tetra oder der Quakende Salmler *(Glandulocauda inequalis)* ist gleichfalls ein Vorratsbesamer. Der deutsche Name rührt von einer Eigenart der Tiere her: Die Fische holen sich in schnellen Schwimmbewegungen Luft von der Wasseroberfläche und stoßen die überschüssige Luft durch die Kiemendeckel wieder aus. Dabei entsteht ein eigenartiges Geräusch.

Sachregister